創客創業導師程天縱的專業力

程天縱——著

目錄

Part 1
個人工作的專業力

Chapter 2

策略規劃與制訂

推薦序

專業，是職場上唯一的依靠

何飛鵬／城邦媒體集團首席執行長

程天縱先生在出版第二本書《創客創業導師程天縱的管理力》時，在台北舉辦了一場新書講座，主題是「企業致勝的三大關鍵」。在演講開始前，他向我說，他正在寫幾篇文章，是關於王永慶、王文淵等人，他親身接觸到這些成功的專業人士，從他們身上看到的「專業力」，和學習到的經驗。

我當下跟天縱兄說，這樣的文章很重要，請他務必知無不言、言無不盡，把他的觀察、學習心得，跟讀者分享。第一，不是每個人都有機會接觸到這麼高階的專業人士，王永慶是創業家，王文淵則是專業能力非常突出的二代，這兩位就涵蓋了創業者與專業經理人兩種角色。

其次，是由天縱兄來解讀。天縱兄從小公司的基層業務幹起，後來進入跨國企業，在惠普、德州儀器、鴻海集團和旗下的富智康，分別擔任過中國總裁、亞洲區總裁、集團副總裁和執行長，這些都是企業金字塔最頂層的職位。除此之外，他還在美國取得正規商學院MBA

的學位。豐富的實務經驗，加上對管理理論系統性地了解，如虎添翼，這樣的學經歷是台灣作者所少有，由他這樣成功的專業經理人，來解析「專業」，必定有獨到的地方。

第三，則是我認同「專業」這個主題非常重要。承蒙天縱兄在自序中提到我的文章，我不敢自稱專業，因為我認為，要稱得上專業，必須具備三大要件：專業精神、專業倫理，和專業能力。身為文字工作者，寫文章的能力我勉強勝任，專業精神和倫理都還有進步的空間。

專業能力是「專業」最被強調的部分，也是最基本的部分。每一個工作者都努力精進自己的專業能力，從工作的熟練開始，到工作流程的改進，再進階到方法的創新，目的是要讓自己具備高度的競爭力，做出傑出的成果。

這本書的第一部分，就在談個人工作的專業力。天縱兄以自己進入職場初期的經驗，以及從其他專業人士身上的學習，提點業務工作的訣竅，溝通談判的技巧，以及現在討論度最高的話題：怎麼樣才不會被人工智慧（ＡＩ）淘汰？這些內容值得每一位工作者仔細研讀，只要能擁有一項別人做不到，只有你會的絕活，就能靠這個絕活安身立命。

當成為成熟的工作者之後，在大部分的組織，晉升為主管，就是必經之路。在台灣或中小型公司，升為管理者前，幾乎沒有任何職前訓練，所有的學習都在升遷之後。因此，每一個剛當上主管的人，一定有一段青澀的生疏期，但只要努力學習，就能克服，成為好主管。

要學習什麼呢？除了負責部門的專業——例如生產、行銷或財務——之外，還要有策略和方法。主管就是要能完成公司交付的任務，任務要從哪裡著手，要動用多少資源，要交給誰負責，以及要用什麼步驟和方法，才能發揮最高效的執行力，都是主管必須要思考學習的。

由此可知，「管理」是另外一種專業，我花了十四年摸著石頭過河、不斷嘗試錯誤，才知道這門學問博大精深，分工細密。這本書的第二部分，就是天縱兄有系統地分享經營管理的專業能力，從策略的規劃與制訂，到報價與溝通等執行面，是每一位主管、立志要成為管理者的人，以及正在創業、想要創業者所必讀。如果我早看過這本書，根本就不需要走這麼多冤枉路。

天縱兄的每一篇文章，都是原創，都從自己的經驗和體悟出發，有實務，有真實案例，也有經過他轉化而變得易懂的理論。不管是正在創業的人，想要創業的人，或是在企業中打拚的工作者和管理者，都能從中有所學習，只要融會貫通，就能成就自己的專業力。

自序
專業經理人的素養

回顧過去四十幾年的職業生涯，退休前一直在為跨國大企業服務，退休後為了傳承經驗和培養年輕人，開始了新創輔導和寫作的第二人生。

一路走來，我一直將自己定位為「專業經理人」。

什麼是「專業經理人」？如果上網去搜尋，可以得到各種不同的看法。我的好朋友何飛鵬，在二〇一二年六月八日《經理人月刊》的專欄中，就寫過這麼一篇題為〈什麼是專業？〉的文章。他在文章裡強調：

根據我自己對「專業」的描述，要稱得上專業，至少要具備三個要件：專業精神、專業倫理與專業能力。作為一個專業經理人，我們對專業還要重新定義與理解。

對於他的說法，我非常同意。以他的三個要件來檢視我四十多年的職涯，我認為在這三個方面，我都達到了自己設定的標準。

不同於何飛鵬的說法是，我這四十多年來對於「專業經理人」的定位，始終謹守三個原則。

下殘局

就以下象棋做例子，創業家是「開局」、「布局」的，而專業經理人則是專門「下殘局」的人。

所謂殘局，就是「一盤沒下完的棋」。在坊間的書局中，我們可以找到無數歷史上遺留下來的精采殘局棋譜，象棋高手可以接續著殘局繼續下，不論挑紅方或是黑方，都要找到贏棋的方法，以此來鍛鍊自己的棋力。

專業經理人就沒有那麼幸運了。管理領域中雖然有許多個案研究，都是別人已經下完全局的棋譜，並沒有類似的殘局可以讓自己下下看，驗證一下自己的能耐。

從網路上或書本裡，可以找到許多專業經理人從外部空降來收拾殘局、扭轉局勢的案例，這其中當然有成功的，也有許多失敗的。

如果我們仔細分析一下失敗的眾多案例，就會發現通常這位空降「救世主」所採取的第一步，就是帶來自己的人馬，並且讓他們進駐各個重要職位，以便掌握資源。這種做法，在還沒有實際展開各種扭轉局面的手段之前，就已經在組織內部形成了兩派人馬的對立，而寶貴的時間與資源，就在內鬥中消耗殆盡，最後落得失敗的命運。

這就如同一個棋手，試圖改變殘局，偷偷移動或替換棋子來扭轉頹勢。即使僥倖贏得了這盤棋，代價一定很大，後續的副作用也未必能夠完全避免，這也就稱不上是下殘局了。

專業經理人要擁有下殘局的能力，首先就要做到不拉幫結派、不建立自己的人馬、不占據自己的山頭，一切依照「專業」行事。

我在惠普（Hewlett-Packard, HP）的二十年中，從台灣派駐到香港、到美國、到中國大陸，從來都是單槍匹馬，不帶自己的人手。除非必須創建新的部門，否則我不會改變任何殘局原本的狀況。

即使轉換跑道，從惠普到德州儀器（Texas Instruments, TI），再從德州儀器到鴻海，我也一直秉持這個下殘局的原則。加入鴻海，是我職業生涯當中最大的改變，除了面臨價值觀與文化的巨大衝擊之外，對於我是否能夠堅持下殘局的原則，也是重大的考驗。比我早加入鴻海的前惠普同事，在我剛加入的時候就善意地告訴我：「要在鴻海生存下來，一定要有自己的人馬，否則什麼事都無法推動。」

我在鴻海扮演的，就是救火隊的角色，哪裡需要收拾殘局，我就到哪裡去。即使我在短短的五年中就換了四個事業群，再加上二〇一〇年墜樓事件的危機處理，我始終堅守原則，不培養、也不依靠自己的人馬。

抬轎子

俗語說「花花轎子人抬人」，花花轎子搖搖晃晃、熱熱鬧鬧，為什麼好看？就是因為有人坐轎子，有人抬轎子，一路上走得好不好，就看抬轎人的功力了。

專業經理人就是「抬轎子」的人。在鑼鼓喧天的慶典中，轎夫默默地抬著轎子，踩著該走的步伐，讓坐轎子的開心，讓圍觀的人叫好。換句話說，轎夫最重要的特質就是「本分」。

即使圍觀的群眾給轎夫掌聲，或是偶爾打賞，轎夫也不能忘了本分，自以為是個坐轎子的。更糟糕的是丟下轎槓子，跟坐轎子的搶起位置來，那麼觀眾還會叫好嗎？

身為抬轎子的，要很清楚地知道，專業經理人的光環來自所服務的企業，而不是來自於個人。心中有這樣的認知，就是「本分」。

在惠普和德州儀器服務的三十年當中，我非常榮幸見過六位國家領導人，也有幸能夠進入平常人無法親眼一睹的地方。

這並不是因為我個人有多了不起，而是因為我在那些國家的時候，代表了惠普或是德州儀器。那些光鮮亮麗的時刻，都是給予專業經理人背後的企業的。

只要專業經理人離開了那個位置，就是平凡人一個。所以，專業經理人下台的身影要漂亮——不要居功，不要戀棧。

不加入競爭對手

很少有專業經理人會一輩子在一個企業服務。在跨國大企業裡服務，難免會碰到自己晉升的玻璃天花板，或是有更好更大的舞台找上門，這時候就會面臨去留的抉擇。

我覺得去留或換不換跑道，並無關乎專業。

在我接近四十年的職涯裡，我服務過一家小公司和三家跨國大企業。雖然換過雇主，但我始終堅守著一個原則：當我離開老東家的時候，不必簽競業條款，我自己會約束自己，不加入競爭對手。

因為我沒有辦法在加入競爭對手之後，再回過頭跟自己一手建立或一手帶領的團隊來競爭；我更加沒有辦法面對過去的客戶，告訴他們「我現在賣的產品比過去的更好」。

其實，這種不加入競爭對手的底氣，來自於我對自己專業的信心。天底下哪裡沒有適合自己的工作？何必靠著過去的戰功與在產業界累積的資源，作為加入競爭對手的條件？

因此，我決定離開惠普的時候，所有的電腦公司、儀器公司，我都不考慮，最後選擇進入的，是屬於半導體產業的德州儀器公司。當我決定離開德州儀器的時候，則選擇進入屬於傳統製造業的鴻海集團。

這兩次轉換跑道，都迫使我拋棄了在原本產業累積的技術、產品、市場、競爭等相關知識和經驗。在新的產業領域重新學起，反而擴大了我的廣度與深度。

傳承「專業」

這三個專業經理人的原則，依照何飛鵬的三個「專業要件」來檢視，似乎都比較偏向「專業精神」與「專業倫理」。至於「專業能力」，就比較難以通用的原則來定義或規範。

在何飛鵬的〈什麼是專業？〉這篇文章中，他謙虛地認為自己在專業精神和專業倫理還有待努力，但是作為一個專業文字工作者的專業能力方面，則可以說當之無愧。看來在這三個專業要件上，精神層次最難，倫理其次，能力相對最容易。

但是在寫作傳承「專業」上，困難程度就反過來了。因為專業能力跟所擔任的職務、所服務的企業、所紮根的產業等等都有關係，所以很難寫出各行各業都通用的專業能力。

就以我服務過的三家跨國企業而言，他們所需要具備的產業專業能力都不同。還好的是，經營管理的專業能力是不變的。這也正是為什麼我敢提筆寫第三本書《創客創業導師程天縱的專業力》的原因。

與前兩本書相同的，是我的寫作風格。也就是在許多真實故事之中，穿插、隱含了許多自創的管理理論與模型。

無論你是創業者或是上班族，成為專業經理人是人人都可以透過努力學習來達到的目標。我希望透過我的這三本書，可以加速你的學習，成為台灣為數較少，而且缺乏的專業經理人。我的目的也很簡單，就是分享傳承過去四十年身為專業經理人的管理經驗。

Part 1

個人工作的專業力

1

我邁入經理人生涯的第一步

一九七六年服完兵役退伍後，由於在學成績不佳，找工作十分困難，最後經過學長的介紹，進了一家小貿易公司新設的電子部門當業務員。

我的同班同學除了少數出國外，在台就業的平均月薪都在七千五百元到八千元之間。外商公司薪資最高的，就是位於中和南勢角的德州儀器公司，而國內薪資最高的單位，就是位於桃園龍潭的中山科學院。

而我的起薪是五千五百元，還要自備摩托車一輛，用來跑客戶。我父親認為，跑業務不能騎野狼一二五，必須有一台比較稱頭的摩托車，因此張羅了四萬五千元，幫我買了一輛偉士牌（Vespa）。

大學荒唐四年的結果，就是當了兩年的大專兵，吃盡苦頭，找工作到處碰壁。因此我特別珍惜這個機會，也了解父親在家境不好的情況下，為我買這麼貴的摩托車的用心。我必須努力，沒有退路。

當時公司代理的，都是歐美日半導體前端晶圓製造，以及後段封裝測試的設備。靠著自己的摸索和學習，勤能補拙，我幾乎跑遍了台灣的半導體和電子公司。

我曾經騎著摩托車，從台北到基隆拜訪海軍第三造船廠，然後沿著縱貫線到桃園拜訪電信研究所，到台中拜訪億威電子系統、農試所，然後一路南下到屏東拜訪屏東機場。只要用得到電子測試產品的地方，我無所不至。我的摩托車置物箱裡面，永遠放著一條濕潤乾淨的毛巾。當時不流行戴安全帽，所以到了客戶公司，先把臉上的灰給抹乾淨，才拎著皮包去拜訪客戶。每晚回到家，整條毛巾都是黑色的。

誰是好業務？問客戶就知道

一九七九年初，我接到了一通電話。對方自我介紹說是台灣惠普公司電子測試儀器部經理，名字叫做吳傳誠。他是交大電子工程系六〇級，高我三屆的學長，雖然我們彼此不認識，但在電話裡談得非常熱絡。他打電話來的目的，就是邀請我和我太太一起吃個飯，彼此認識一下。我也沒有多想，就答應了。有人請吃飯，又可以認識學長多多學習，何樂而不為？

在用餐過程當中，他花了很多時間介紹惠普這家公司成長的歷史，以及獨特的價值觀與企業文化。由於大家都在電子業，我對惠普的產品還算熟悉，話題就圍繞著惠普在台灣的工作環境和發展。接著他就單刀直入，希望我加入惠普公司，並且請我把我的期望薪資當場告訴他。這是一個很容易做的決定，不必太多考慮，我當場就接受了這個難得的機會。

我反問吳傳誠學長，我並沒有在找工作，他如何知道我的情況，並且拿到我的電話號碼？他為什麼對我這麼有信心？他說，他要找人才，不會透過人資部門，也不會透過人才招募或獵頭公司。因為他的客戶一定會接觸到許多同行的業務人員，因此他直接問他的客戶，有沒有令他們印象深刻、優秀的業務人員。他問了十個客戶，其中有八個提到了我的名字，其餘的兩個客戶不認識我。他相信客戶的立場最客觀，如果我能夠得到所有客戶的認可，一定是一個優秀的業務人才，一定要把我招進惠普公司。

從這個事件中，我學到了幾件事：

一、優秀人才不會主動到處找工作。因為他們在現有的工作崗位上必定表現出色，受到公司重用。

二、客戶或用戶的立場最客觀，他們是你的「主審裁判」，他們不必得到你的同意或意見，就直接判斷你投的是好球還是壞球。

三、找上門的機會，一定比自己努力去追求的好。當你在努力追求未來的機會時，你就會忽視眼前的工作和眼前的「主審裁判」。

四、部門主管負責人才的「選育用留」，「選」是最重要的一步。找到好的人才，接下來的三個步驟都容易多了。

五、如果你是伯樂，又需要千里馬，你必須主動去找，不要以為千里馬會主動跑到伯樂面前。

我非常感謝我的「貴人」客戶們的推薦，我更感恩我的學長吳傳誠，他是我職業生涯的第一個伯樂，因為他開啟了我長達三十五年的專業經理人生涯。

2 小公司學到的業務游擊戰術

小公司的好處就是分工沒有大公司那麼細，一個人當幾個人用，因此什麼事都要做。但是做得好不好，做得是否專業，有沒有更好的方法？這就不得而知了。

我在小公司當業務員的時候，學的是游擊隊的叢林作戰方法。由於小公司人少，資源有限，沒有辦法提供正規的培訓，必須要靠自己努力去學習。

剛開始時，老闆就是帶我在身邊，要我跟著跑，照著做。幾次下來，我就必須獨立作業。但是在跟隨老闆跑的時候，常常看到老闆有些習慣性動作，卻不知其所以然。

每次去拜訪客戶，首先要到警衛室或櫃台登記，換取識別證，才能夠進入。老闆在登記完成、拿到識別證之後，總是要跟警衛或櫃台人員聊天套關係，順便翻翻登記簿，然後拿出小筆記本寫點東西。幾次之後，忍不住好奇，就問老闆到底在記些什麼。老闆說，跟警衛、櫃台接待，以及客戶的祕書，都必須搞好關係，因為他們都是重要的資訊來源。做一個業務人員，除了必須了解競爭對手的產品以外，還要知道競爭對手的公司，以及相關人員的姓名和長相。翻翻看登記簿，就可以得知競爭對手什麼時候來拜訪過誰，於是我們就可以馬上跟進拜訪。

我的老闆是交大電子研究所畢業，身材瘦長，長相斯文，非常聰明又有很強的記憶力。對於每個客戶的學經歷、同學是誰、在哪裡工作等等都如數家珍。每次拜訪客戶都好像在串門子，主要是在提供他們同學、好友的近況與動態，談生意反而成了次要、順便的事，因此客戶們都很期待老闆的到訪。

我的老闆也是一位一絲不苟的人，非常注意細節。有幾次跟著他拜訪客戶，他居然也會跟客戶講幾個葷笑話，或是談談影藝八卦之類的新聞，完全不像他的風格，令我非常驚訝。我忍不住又問他了，這些葷笑話和影藝八卦是從哪裡知道的？老闆說，在台灣，做生意之前要先做朋友，要先摸清楚客戶的喜好，才能投其所好。這些客戶想聽的葷笑話和八卦，都是他平常特意去蒐集、做筆記記下來的。其實，他本人對這些葷笑話和八卦完全沒有興趣，記這些純粹是為了做生意。

我的老闆還有一個習慣：每回到了客戶端的會客大堂，或是公家機關的大廳，他都會環顧四周，看看位置，然後篤定地告訴我：「我們坐那邊。」幾次過後，我又忍不住問了：「老闆是否懂得風水，每次都要挑一個特定的位子，坐下來等候客戶？」

老闆說，像客戶端的這些公開場所，都是競爭對手雲集的地方，每當重要客戶走進來的時候，這些競爭對手就像蒼蠅看到肥肉一樣，馬上搶著上去握手問好，或是遞名片。可是客戶永遠只記得第一位，頂多第二位跟他握手問候的人。後來的幾位，由於記憶力有限，是不會記得的。因此，每次到了這種公開場所，一定要挑一個背對牆壁、一眼可以看到客戶走進來的門口。如果可以看到進門前的長廊更好，才能夠掌握先機，成為第一個看到客戶，並且衝上去和他握手問好的人。

類似這種游擊隊的叢林作戰方法和技巧，多不勝數。這些都不是大企業的正規銷售培訓課程會教你的，但是這種實戰技巧特別有效。我在這家小公司幹了兩年的業務，雜七雜八學了不少游擊隊的叢林作戰技巧，但這些還不是最有價值的一堂課。

真正最有價值的一堂課是，我學到了細心觀察別人的行為和舉止，對於自己沒有辦法理解的部分，要積極主動去請教，然後融會貫通成為自己技能組合（skill set）的一部分。

這些再搭配培養自己「看到別人優點」的能力，那麼處處都是教室、每個人都是老師，「終身學習」就確實可行了。只有讓自己成為一個「自我學習型的人」，才能夠永保自己在職場的競爭力。

3 在海關學到的職場第一課

從一九七六年進入職場開始，我一直是擔任業務的工作。剛開始是一家小貿易公司的電子部門，總共也只有不到十個人，當中有兩個業務，我是其中一個。

一九七九年三月，我進了惠普台灣分公司，擔任測試儀器部門的業務。直到今天退休五年多了，我認為我還是在擔任業務的工作。不同的是，我已經從銷售實質的產品，轉為推銷觀念和概念。

與一般業務同行比較不同的是，我在小公司的時候學的是游擊隊的叢林作戰方法，進入惠普公司以後，學的則是正規部隊的團隊作戰方法。這種先學游擊後正規的經歷，對我後來的發展起了很大的作用。

加入小公司擔任業務工作，完全沒有任何培訓。部門老闆交給我的第一件工作是，到松山機場的海關（當年還沒有桃園機場）去清關，領取一批精美的歐洲風景月曆。當時公司爭取到全球知名西德半導體原材料公司瓦克化學集團（Wacker Chemie）矽晶圓產品的台灣區代理權。

這是從事半導體前端晶圓生產製造的研究單位以及相關公司必定要採用的原材料。

由於接近年底了，瓦克公司寄來兩百份歐洲風景精美月曆，作為送給客戶的新年禮物。在今天，這種月曆不是什麼珍貴的伴手禮，但這種外國進口的風景月曆在一九七六年是非常難得的，客戶也都很喜歡。

因為這是進入職場的第一份工作，第一件任務，所以我一定要把它辦好。部門老闆沒有多交代要怎麼做，其他同事也都很忙，沒人有閒工夫理我這個新來的。於是我匆匆地騎著摩托車到了松山機場海關，請教了一位正在報關清關的年輕小伙子，就拿了一疊清關報表回到公司研究如何填寫。

我整整花了半天的時間把所有表格都細心填寫好了，最後檢查一遍認為沒什麼問題之後，我又騎上摩托車回到了松山機場海關，跟著長長的排隊人龍慢慢往前移動。

當時覺得有點奇怪，排隊的每個年輕小伙子都斜背著一個公文袋，彼此都似乎很熟，邊排隊邊聊天。而且他們跟櫃台後面的海關辦事人員也都很熟，在輪到辦理清關的時候，都會彼此打招呼、聊兩句。好不容易輪到我了，我把一疊表格遞進去。辦事人員抬頭看我一眼，然後低頭瞄一下這些報關表格，接著抬頭不耐煩地跟我說：「你是哪家報關行的？第一天上班嗎？也不搞清楚表格怎麼填，亂七八糟的。不要浪費我的時間，拿回去重填。下一位。」

辦事人員的聲音比較高亢又不客氣，於是所有排隊的人都把眼光投到我這裡。隨著辦事人員的聲音結束，我那些辛苦填了半天的表格資料，被他隨手扔出櫃台，掉了一地。一邊哈著腰跟辦事人員道歉，一邊蹲下去撿掉在地上的表格資料，我強忍著幾乎奪眶而出的淚水，迅速離開這些排隊年輕人嘲諷的笑聲和眼光。

躲到了一個人少的角落，我努力平息自己的情緒，然後心裡想著：怎麼辦？老闆交代的第一份工作，難道就這樣辦不成回去嗎？這就是職場上班族的生活嗎？接下來的日子怎麼過？

這個時候，一隻手搭上我的肩膀，我回頭一看，是一個約莫三十出頭的年輕人，他問我：「你是哪家報關行的？你們公司沒有人教你怎麼填這些清關表格嗎？」我反問他：「什麼是報關行？」

當他知道我是一個小公司的業務，剛上班兩三天，老闆就交代我來海關辦理進口清關的時候，他忍不住說：「你們公司也太過分了。海關清關哪有那麼容易呀？如果那麼容易的話，也就不需要報關行了。」

接下來，他帶我到一個空的櫃台，我們兩個就這麼站著，他幫我把所有的表格資料又重新填寫了一份，並且很有耐心地跟我解釋怎麼填寫。然後陪著我又重新排隊，但排的是另外一個辦事員的隊伍。輪到我的時候，他幫我把表格遞進櫃台，跟辦事人員打個招呼說：「這是我們公司新來的，以後請多多照顧。」

等我把這批月曆搬回公司交給老闆的時候，老闆只淡淡地說了一句：「報關不容易，你幹得不錯。」我當時立刻了解，這就是給我上的第一課，我彷彿領了這輩子得到的最大獎項，那一刻的成就感，至今難忘。

沒有留下那個幫我填寫表格的年輕人的姓名電話，是我這輩子最大的遺憾之一。

透過這個經驗，我得到了兩個人生座右銘：

一、天底下沒有解決不了的問題。問題的定義是：有答案，而且有不止一個答案。**如果真的有解決不了的問題，那不叫做問題，叫做現實。現實就是一種限制條件，要學著和它相處，不要嘗試去改變它。**

二、每個人都有需要幫忙的時候，當你伸出一隻手去幫助別人的時候，對你來講可能只是舉手之勞，但是對於接受你幫忙的人，可能會影響他一輩子。

我在專業經理人職業生涯當中，幫助過很多人，在我退休以後，義務輔導許多創業團隊，這一切的起心動念來自於四十二年前，在松山機場海關受到一個陌生人的幫助開始。

退休以後的我，最喜歡的穿著裝扮就是T恤、牛仔褲、斜背一個包包。我常喜歡跟別人說，我看起來就像是一個報關行或快遞公司的小弟。現在你們知道我為什麼喜歡這個打扮了嗎？

4 第一次跑業務，為自己敲開第一扇門

上一篇文章談到了我在小貿易公司當業務，所上的第一堂課就是去海關報關。那是一次非常難得的經驗，除了震驚以外，我也學到了很多。在小公司上班學到的就是游擊隊的作戰方法，登不了大雅之堂，但是非常實用。

小公司的資源有限，人也少，沒有辦法像大企業一樣提供正規的培訓，只能用師父帶徒弟的方法，手把手地教。可是師父還是以工作為重，如果徒弟不主動觀察、發問、學習，那麼可能除了抱怨以外，什麼東西都學不到。

那個年代在電子業創業，大多是從代理進口開始。最常見的做法，就是先訂閱很多原文電子技術和產品雜誌，從中找到一些台灣市面上看不到的產品，然後拜訪一些可能用得到這些產品的使用單位或公司行號。在拜訪了一些可能的使用者以後，如果得到的回應是正面的，就要為這個產品寫一份「台灣市場的行銷計畫書」，列舉一兩家可能的客戶，預估未來幾年的銷售金額和數量，然後向原廠爭取這個產品在台灣銷售的獨家代理權。

如果順利拿到代理權，就開始指派或招聘業務進行銷售。如果業務進展不錯的話，再向原廠要求派工程師到國外受訓，爭取說服原廠負擔所有訓練費用。通常派去受訓的，都是硬體維修或軟體支援方面的工程師，這種國外培訓的好處，還是輪不到勞苦功高的業務人員。

在這裡，跟各位朋友分享令我印象非常深刻的第一次經驗。我的老闆從美國的一份航太雜誌上面，看到一個氣象衛星雷達的廣告，他把那一頁廣告撕下來交給我，要我自己一個人到中央氣象局拜訪，看看他們有沒有興趣採購。

老闆沒有多說一句，留下楞在座位上的我就走了。一九七六年可是沒有手機和網路，也沒有Google可以搜尋的。於是我找到一本電話簿，從黃頁上找到中央氣象局的地址，就在總統府旁邊的公園路上。從總機號碼下面，又找到了一個貌似對這個產品會有興趣的單位名稱。接著我就騎上了摩托車，公事包裡裝著那一頁氣象衛星雷達的廣告，直奔中央氣象局。

第一關要過的，就是門口的警衛。我在登記簿上寫下了黃頁上找到的那個單位名稱，隨便寫個「王先生」，用證件換了訪客識別證，就成功溜了進去。到了那個單位，手上拿著一頁從雜誌上撕下來的氣象衛星雷達廣告。其實我對這個產品一點都不懂，也不知道要找誰，只能厚著臉皮，靠著滿臉笑容隨便找了一個人，非常客氣地請教。如果找錯了單位，對方還算客氣的話，會指點你到對的單位去找對的人，那我就成功一半了。

這就是我第一次單獨拜訪客戶的經驗。很多年以後，我加入了惠普，到美國去做產品培訓，才知道這種業務叫做登門拜訪型業務（door-to-door salesman）。《速食遊戲》（*The Founder*）這部電影，是由金球獎（Golden Globe Awards）最佳男主角米高基頓（Michael Keaton）繼演出《鳥人》（*Birdman*）之後，扮演麥當勞（McDonald's）創始人雷克洛克（Ray Kroc）。這部電影是真人真事爭議改編，揭密全球最大速食連鎖店麥當勞不為人知的創業祕辛。

如果你看過這部講述麥當勞如何崛起的電影，那麼我就像這個電影的主角雷克洛克在電影一開始時所擔任的職業，就是一個登門拜訪型業務。雷克洛克至少有一部做奶昔的機器可以展示，而我有的只是一頁從雜誌上撕下來的廣告。雷克洛克帶著要推銷的產品，開著汽車在全美國到處拜訪客戶，所受到的無理對待和挫折失望，我在這個小公司的第一份工作時，也都經歷過。

後來雷克洛克碰到麥當勞兄弟開設的第一家速食漢堡店，靠著他的堅持和商業謀略，奪走了麥當勞兄弟的創意，成功創立了一個全球性的事業，也就是現在大家熟知的麥當勞集團速食連鎖店。我當然沒有雷克洛克的幸運，沒有雷克洛克的能力，更沒有雷克洛克的商業謀略和心狠手辣的個性。但是，靠著我的努力學習和勤奮工作，我也得到了一個改變我一生的機會，加入了惠普公司。

5 王文淵的手和眼睛

昨晚在一場朋友的飯局裡，偶爾遇到了多年不見的老朋友——台塑集團總裁王文淵。最近媒體報導了王文淵即將接任工總理事長的職位，承接金仁寶集團董事長許勝雄的棒子，成為全台灣企業界的龍頭。除了代表全台灣企業與政府溝通、建言之外，也將領導台灣各個產業拚經濟，達到振衰起敝的作用。

我深信，王文淵在這個新的職位上會非常成功。雖然他是一個「創二代」，但是，他更像一個專業經理人。他在台塑集團內從基層幹起，專業服人，戰功彪炳，最終擔任集團總裁，並不完全依靠著他自己創二代的身分。

在飯局上意外碰面，我們兩人多年未見，都非常意外和歡喜。杯觥交錯之際，免不了多喝幾杯，順便聊起了三十多年前的往事。

決策明快

一九八二年，在我取得了惠普總部同意將印刷電路板（printed circuit board，下稱ＰＣＢ）技術轉移台灣之後，接觸了許多台灣的家電大集團董事長，包括大同林挺生、聲寶陳茂榜等等。雖然他們都表達了興趣和投資意願，但是下屬作業非常緩慢。

在毫無進展的情況下，我決定直搗台灣最大的民營企業，也就是非電子業的台塑集團。在毫無人脈與關係的情況下，我採取最直接的辦法：打電話到台塑總機，請總機直接接通當時在南亞公司擔任經理的王文淵。沒想到我的運氣這麼好，總機居然真的接給了王文淵。在他還沒有開口之前，我直接介紹自己，並且把ＰＣＢ技轉專案的介紹用三分鐘時間一口氣說完。

在短暫的沉默之後，王文淵居然約我見面，以便更深入地了解。他在不到一個小時的會面裡就做了決定，指派陳昌雄高專和沈國華專員，在一個星期內和我一起做出這個兩千萬美元投資的ＰＣＢ技轉計畫。王文淵明快的決策，是台塑贏得惠普ＰＣＢ技轉建廠的主要原因之一，也是台塑跨足電子產業，後來進入半導體產業的重要關鍵點。

王文淵昨晚跟朋友們說，他認識我的時候，我還是台灣惠普的一個業務小咖，後來也因此跟我買了幾百台的HP1000電腦系統。他說的一點都沒錯，我也很慶幸，找到他算是找對了。

專業的二代

在PCB建廠期間，我們經常來往、開會。有一回，王文淵要到高雄視察仁武廠，他邀請我一同前往，了解更多台塑的製程和工廠管理，以便提供更多的電腦應用，進而加速製程自動化，我自是欣然答應。

到了仁武廠一棟辦公大樓前下車，王文淵帶著我直奔四樓他的辦公室。他到了辦公室所做的第一件事，是先從抽屜裡拿出了一具望遠鏡，然後走到窗戶前往外看。我不禁好奇地問他在看什麼，他回答我：「**在看廠區內每一根煙囪冒出來的，煙的長短和顏色。**」由於工廠裡的許多設備都是經過他設計或改造的，因此他對製程瞭如指掌，所以從煙的顏色和長短，就可以判斷工廠裡的生產線有沒有出問題。

果不其然，他認為有根煙囪的煙有問題，於是帶著我直奔那個工廠的生產線。經過他的詢問，果然發現了一些問題。王文淵的專業，令我大為佩服。

昨晚我藉機問了王文淵，今天的台塑廠長是否仍然有這個能力和專業，光是觀察煙的顏色和長短，就可以判斷生產線有沒有出問題？他回答說，負責環保的專業人員，仍然有能力從煙的顏色和長短來判斷有沒有出現環保的問題；但是，即使像台塑這樣管理嚴謹、重視培訓的企業，廠長可能也沒有他當年的專業和能力了。

結語

雖然家人和集團內部的高層都反對王文淵接任全國工業總會理事長這個職務，但他認為，在今天台灣的經濟困境裡，總要有人站出來，想辦法帶領台灣的企業界改善現況。以他勇於承擔、決策明快、專業能力強、對台灣經濟和產業了解深入的各種特質，我相信他必定能夠承接許勝雄理事長的託付，帶領台灣的企業界翻轉現況，開展未來。

6 掌握「黃金三分鐘」，掌握決定成敗的瞬間

我在上一篇文章提到，在打給王文淵的電話中，我在他開口前，就一口氣用了三分鐘介紹自己和ＰＣＢ技轉專案，因此得到與他見面詳談的機會。許多朋友都好奇地問我，究竟我在那三分鐘說了些什麼？

謀定而後動

我在打這通電話之前，已經做足了功課和研究，透過許多業界的朋友，我了解到：

一、台塑集團想要進入電子業，因為當時是電子業的黃金時代，所以他們曾經找過顧問公司評估和建議。日本顧問公司建議台塑直接進入半導體產業，但是台塑覺得投資太大，風險太高，不敢嘗試。

二、台塑集團最喜歡的策略就是「垂直整合」，由塑膠原材料往上游走到石化和輕油裂解，往下游走到塑膠二次加工成品。

因此，在這通短短三分鐘的電話中，我必須告訴王文淵以下的重點：

一、除了半導體元件之外，電子產品裡面最重要的就是PCB，承載所有的零件和電子線路。

二、PCB廠最重要的原材料就是「基板」（substrate），而當時台灣最大的基板廠就是橡樹電子（OAK）。

三、基板廠最重要的原材料就是玻璃纖維，而最大的供應商正是台塑。

四、台灣電子產業中，PCB多層板用量最大的就是個人電腦主機板。大眾電腦是台灣個人電腦品牌商，也是台塑的關係企業之一。

五、台塑集團事實上已經掌握了PCB源頭的玻璃纖維生產，以及PCB應用最下游的個人電腦品牌出海口，唯一缺少的就是PCB工廠。

六、惠普公司應工研院電子所的要求，願意無償提供技術轉移，為台灣企業建一座最先進、最自動化的PCB工廠，不知台塑集團是否有興趣？

以上六點就是我在三分鐘之內需要講完的重點。事隔三十多年，記憶漸漸模糊，依稀記得我在電話中是這麼說的：

王經理你好，我是美國惠普總部的專案經理程天縱。經由工研院電子所胡定華所長的建議，惠普同意將位於矽谷最先進的PCB工廠的技術與管理，以整廠技術轉移的方式無償提供給台灣。

該PCB工廠的技術和製程可以生產十二層的PCB，符合美國軍事規格要求，而且工廠管理和生產都是全球最先進、最自動化的。目前台灣的PCB廠商大多只能夠生產四或六層的PCB，不足以滿足IT產業產品的需求，而這也是工研院電子所尋求惠普技轉的主要原因。

工研院電子所推薦了台灣的家電大企業，作為本次技術轉讓的承接企業。我們正在跟大同公司林挺生董事長、聲寶公司陳茂榜董事長等方面洽談合作的可能性。

PCB技術和生產製造所牽涉到的，不僅僅是電子和機構的領域，製程中的電鍍、壓合、裁切，還需要化工、機械、自動化設備等專業，而這些都是台塑集團的強項。

另外，據我所知台塑集團已經生產玻璃纖維材料，提供給橡樹電子壓合成基板，而基板是PCB廠最重要的原材料。

目前PCB的最大市場就是個人電腦，而台灣知名個人電腦品牌大眾電腦也是台塑集團旗下的子公司。

事實上，台塑集團已經掌握了PCB產業的上游材料和下游的個人電腦產品，唯一缺乏的就是PCB技術和生產製造工廠。

如果台塑集團願意承接這個PCB技術轉移專案，由惠普來協助台塑建立這個PCB工廠，則可以使台塑集團垂直整合整個PCB產業的上下游。不知道王經理是否有興趣？

尤其第一次見面，**在你開口說話的三分鐘之內，如果沒有辦法建立起個人可信度（personal creditability）、引起對方的重視和興趣，那麼這次的拜訪就會以失敗收場，而且很可能不會再有第二次機會。**

客戶端的董事長或總經理日理萬機、業務繁忙，通常都是沒有耐心的，尤其是對一個陌生的銷售人員。因此你只有三分鐘的時間，這就是業務員的「黃金三分鐘」，也有人把它稱為「電梯間的三分鐘」（elevator speech），就如同你和客戶的董事長共乘電梯，你必須把握就這麼幾層樓的時間，用簡單的幾句話達到目的。

個人可信度

如何在三分鐘之內，尤其是用一開始的幾句話好好介紹自己，讓客戶留下深刻印象，並且建立起你的可信度？這是做業務人員必須擁有的一項重要技巧。

一、服裝儀容：許多公司都要求與客戶接觸的第一線人員，尤其是業務人員，要穿西裝打領帶，頭髮梳理整齊，鬍子刮乾淨，這些要求都是為了讓客戶有被尊重的感受。

二、學經歷：如果你畢業於名校、擁有高學歷，這些都可以為你加分。你過去曾參與或負責的大專案，都可以提出來介紹，增加你的可信度。

三、服務的企業：如果你的公司是知名的跨國企業，或是某個專業領域的知名企業，你在這家公司裡的工作，或是擔任的重要職務，也都可以為你加分。

四、知名人士：如果你的朋友、親戚、客戶、合作夥伴、介紹你來見面的人等等，是擁有高知名度的人士，那麼你應該要有技巧地告訴對方，這也可以為你加分。

五、專業領域：自己在專業領域有所成就，或是在客戶的專業領域非常熟悉，這些訊息都可以為你加分。

總結

不要小看我這短短的三分鐘電話，其中包含了很多專業技巧和關鍵用語。

一、充分的準備：我事先了解了台塑集團的策略、技術、產品等等。

二、個人可信度：我提到了惠普總部、ＰＣＢ技術移轉、工研院電子所胡定華所長、大同林挺生董事長、聲寶陳茂榜董事長等等，都表示我不是一般人，我是個有高個人可信度的專業人士。

三、台塑集團的痛點：我充分掌握了台塑集團的痛點，也就是想要進入電子業、卻又找不到一個切入點。這個ＰＣＢ技術移轉專案就是一個完美的解決方案。

四、競爭壓力：我提到已經跟大同公司、聲寶集團等企業的最高層接觸，探討合作的可能性，這給了王文淵極大的競爭壓力，因為他們已經晚了一步。

五、沉默的壓力：在黃金三分鐘之後，對方接受了太多令人震驚的訊息，腦子裡一定正在快速地轉動。此時我必須保持沉默，來增加對方的壓力，壓力會隨著沉默的時間而快速增加，迫使對方必須在極短的時間內做出決定。通常對方一定會約我再次見面，這就達到我的目的了。

不要小看這「黃金三分鐘」的能力，懂得如何使用「黃金三分鐘」的人，成功的機會相對就非常大。

7 誰是決策者？

在和王文淵見面討論過之後，他指定了陳昌雄高專和沈國華專員來協助我，在一個星期內把詳細的PCB技術移轉計畫書寫出來，其中也包含了投資報酬率等財務分析資料。

由於這個PCB技轉專案牽涉的投資金額大約兩千萬美元，這個金額在一九八〇年代初期算是相當龐大，所以必須得到集團董事長王永慶的批准，才可以進行。計畫書完成之後，燙手山芋就回到了時任南亞經理的王文淵手中，他必須想辦法在王董事長繁忙的行程當中，將這個議題排入會議的議程。

在拖延了一個月以後，我認為雖然董事長行程繁忙，但不是拖延的唯一原因。或許王文淵對於這個技轉專案也有點信心不足，不願意面對必須見董事長的事實。

醜媳婦總要見公婆

從擔任業務工作開始，我就深信成功贏得訂單的關鍵，在於比競爭對手更早拜訪客戶，更要拜訪到最高層決策者。因此，我將「早點聯絡，往高層聯絡」（calling early calling high）作為我的座右銘，而且全力奉行。

身為業務員，最喜歡的就是介紹產品、聊聊八卦、吃飯喝酒、建立感情；最害怕的就是見客戶的高層（董事長、總經理）和開口要訂單（害怕被拒絕）。王文淵雖然不是做業務出身的，但在這個專案上，他還是需要面對董事長批准的壓力，難免心裡會有相同的障礙。

我從進入社會第一份工作就是做業務銷售。當時年輕，天不怕地不怕，心想「醜媳婦遲早要見公婆」，不試試怎麼知道公婆喜不喜歡？如果公婆真不中意，早知道也比晚知道好，不必浪費寶貴的時間。於是在我一再地催促之下，王文淵決定先跟總經理王永在報告，取得王總經理的支持之後再見王董事長，過關的機會就大了。

臨門一腳

業務人員在進行一筆大生意、大訂單的時候，最終都免不了要得到客戶端高層決策者的批准，訂單才算到手。

比較沒有經驗的業務員，或許內心感覺需要「門當戶對」，因此喜歡和採購或需求單位打交道。希望在成功說服採購或使用單位之後，再由採購部門將合約透過內部程序往上呈送，得到最終決策者的批准。比較有經驗而且人脈好的業務員，往往喜歡透過關係和交情直接攻頂，跟客戶的董事長、總經理見面，讓他們先同意購買，然後指示屬下進行採購。

然而，這兩種做法都難免失之偏頗，都有極大的風險。

成事不足

以第二種做法而言，有經驗、太靠關係的業務員，會以為把老闆搞定了，訂單就到手了。如果老闆一開始就指示屬下採用特定供應商，老闆等於把這個供應商成敗的責任都攬到自己身上了。供應商一旦出問題，屬下會說：「反正這是老闆的決定，與我無關。」所以，聰明的老闆都會避免告訴屬下自己的好惡，以免影響到屬下的判斷和公正性。

確實也有一些比較獨裁、專制、人治的公司，一切都是老闆說了算。這種公司的老闆確實會指示屬下向特定供應商採購。但是別忘了「上有政策，下有對策」、「閻王易見，小鬼難纏」，這種做法往往會激起下層的反彈，有的是辦法千方百計把你搞出局。

另外有一些公司的老闆，喜歡扮好人，嘴巴特別鬆，往往在交際場合、酒酣耳熱之際，什麼請求都答應。在兩岸政府的高層也有這種現象：職位越高的人，越容易答應；但一到基層執行部門，就處處走不通了。最後，你還是要想辦法搞定採購部門和使用單位。

所以說高層決策者是「成事不足」。

敗事有餘

至於另一種做法，則是搞定採購，避免與老闆見面攤牌，以免「越級報告」造成採購的不滿。

這等於是把專案的成敗交付命運之手，因為老闆擁有的最大權力就是「否決權」。如果屬下呈上來的，不是老闆心中的理想選擇，或者更糟的是，老闆對該供應商有過不好的印象，屬下往往會得到「再看看」或「再仔細研究」之類的批示。這時候，聰明的屬下就會知道答案，老闆動用了「否決權」，這個供應商被ＤＱ（disqualify，取消資格）了。

有許多比較沒有經驗的業務，往往在早期採購階段都進行得很順利，可是到最後卻被槍斃了，而且連為什麼出局都搞不清楚。究其原因，往往就是因為他們沒有拜訪到最高層的決策者，不了解他們的需求和痛點，也沒有解決他們心中的疑慮。

因此說，高層決策者是「敗事有餘」。

誰是決策者？

如果問誰是採購決策者，許多業務人員都會回答，當然就是公司的老闆囉！也就是公司的董事長或是總經理。這一點對於小公司或許是正確的，但對於中大型公司、跨國企業，或是政府機構，就未必是如此了。

決策者可以是一個人，也可以是一個委員會。在大企業裡，即便是一個人，對於不同的採購案，這個人也未必都是同一個人。決策者會跟隨著許多因素而在組織圖中上下浮動。

一、採購金額越大的，往往決策者的職位就越高。採購金額小的，職位就會往下走。

二、採購專案的重要性越大，對公司影響越大的，例如關鍵技術、關鍵材料等等，決策者的職位就會往高層走。

三、與供應商第一次交易，或是第一次採購時，決策者的職位會往高層走；如果是重複採購或例行性採購，決策者的職位就會往下層走。

四、關係複雜的，例如既是供應商又是客戶或合作夥伴，決策者的職位會往高層走。

至於這個PCB技轉專案，毫無疑問地，決策者一定是王永慶董事長。

8 業務員的致勝訣竅：找到、早到、獨到

如何找到客戶？這種「第一線」問題往往沒有什麼高科技的答案，其實不外乎：創新的市場區隔、靈敏的嗅覺，以及勤快的雙腿。

針對企業客戶，如果你參照本書第十九篇文章〈明確定義市場區隔，是成功的第一步〉中介紹的步驟，就可以協助「找到」客戶，並且提高「成功率」。

但是在今天高度競爭的市場情況下，競爭對手不會坐以待斃，客戶也不會只等著你的到來。假設產品的差異性不大，靈敏的嗅覺和勤快的雙腿，就成了業務制勝的關鍵。

為何「早到」客戶？

「早到」的重要性，就如同我在前面〈小公司學到的業務游擊戰術〉一文中所提到的重點：

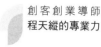

老闆說，像客戶端的這些公開場所，都是競爭對手雲集的地方，每當重要客戶走進來的時候，這些競爭對手就像蒼蠅看到肥肉一樣，馬上搶著上去握手問好，或是遞名片。可是客戶永遠只記得第一位，頂多第二位跟他握手問候的人。後來的幾位，由於記憶力有限，是不會記得的。

最早到客戶端的業務，可以輕易占領山頭和制高點——也就是客戶對產品的第一印象。早到的業務和客戶接觸的時間，也比晚到的競爭對手來得長。雖說「到得早不如到得巧」，但是要贏得客戶的心，靠的是「時間」，而不是「取巧」。尤其華人習慣「做生意之前先做朋友」，做生意的基礎是信任，沒有足夠的時間，做不了朋友，也建立不起信任。「日久見人心」、「天道酬勤」這些聽起來像八股的話，對於一個業務來說，還是有它的道理。

上帝是公平的，他給每一個業務員的時間都一樣多，那麼在有限的時間內，如何增加與客戶接觸的次數，就成了另外一個致勝的關鍵。

如果客戶端距離遙遠，那麼利用高科技的工具，例如電子郵件、電話、視訊、網路社群工具等等，都可以節省交通往返的時間，增加接觸的次數。

業務的最高境界：獨到

越是明顯、潛力越大的客戶，業務人員的競爭對手就越多。「找到」和「早到」相對容易，但也難以變成業務的競爭優勢。如果能夠在這樣激烈的客戶競爭環境中，變成只有我一家「獨到」，就是業務的最高境界。根據我過去幾十年的業務經驗，跟各位分享兩種方法，可以創造「獨到」的競爭優勢。

一、掌握客戶的需求和痛點，不提供「產品」，而是提供「解決方案」。這是一個改變產品定義與改變遊戲規則的高明手法。

我在一九八〇年代初期引進惠普技術，為台塑集團旗下的南亞公司在桃園南崁蓋了第一座PCB工廠。當工廠完工啟用後，為了將電腦整合製造（computer integrated manufacturing, CIM）的經驗分享給台灣電子產業，徵得惠普和台塑同意，成立了雙方的合資顧問公司，取名惠台。

惠台就是以「策略規劃」為主題，為數十家台灣中大型企業提供過服務。由確立企業的經營宗旨（mission statement，或稱使命）、五年策略目標、競爭策略，然後展開成為各功能部門的策略和行動計畫。

我擔任惠台總經理的同時，仍然負責台灣惠普的電腦銷售，於是我把傳統的電腦銷售業務與「策略規劃」整合，以電腦整合製造的「新產品」另闢戰場。

這個「電腦整合製造」領域就成為一個幾乎沒有競爭對手，只有惠普「獨到」的市場。

二、打蛇打七寸，擒賊先擒王，業務要有勇氣面對客戶最高層。

在上一篇文章中，我提到了「身為業務員，最喜歡的就是介紹產品、聊聊八卦、吃飯喝酒、建立感情；最害怕的就是見客戶的高層（董事長、總經理）和開口要訂單（害怕被拒絕）。」

如果你有勇氣去拜訪企業最高決策者（董事長或總經理），而競爭對手不敢，然後你又懂得掌握「黃金三分鐘」的技巧，那你就創造了一個「獨到」的企業客戶。

但是，想見到企業最高決策者，有層層的障礙必須要克服。一九九〇年代北京有個叫做「四小鬧京城」的順口溜：「小煙囪污染天空，小汽車堵塞交通，小祕書左右老總，小保母搞定老公。」這生動地描述了九〇年代初期，北京在改革開放熱潮下的場景。

這個順口溜的主要亮點在最後一句，但是我所要強調的是第三句「小祕書左右老總」。

祕書是業務人員見到老總的最大障礙。祕書負責安排老闆行程，主要責任之一就是為老總把關，避免業務推銷員浪費老闆時間，否則祕書肯定會挨罵。在搞不定祕書的情況下，主動積極的業務就會想盡辦法見到企業的董事長或總經理。以下分享三個真實的故事。

洗手間的機會

我在台灣惠普公司的一位電腦業務同事，在成功地過了採購、IT、總經理三關之後，受到祕書的阻擋，始終無法見到擁有最後決定權的董事長一面，心中非常不安。

知道董事長在辦公室，但是祕書就坐在辦公室門外，無法硬闖。於是他決定等在該樓層的洗手間內，不信董事長會整天不上洗手間。兩個小時之後，終於等到了董事長。他很有技巧地運用「黃金一分鐘」站在一起的機會，讓董事長邀請他進辦公室，暢談了半個小時，順利拿下訂單。

哀傷的時刻

另一位同事面臨相同的情況，但是董事長辦公室內有專用的洗手間，於是「洗手間的機會」這一招就不管用了。

由於這位同事在銷售過程中，與採購和使用單位建立了良好的關係，因此得到了內部消息：董事長有位長輩往生了，已經確定董事長會參加殯儀館的告別式。在做足了功課，了解這位往生者的經歷之後，這位同事也參加了告別式，順利見到了董事長。

練不成的氣功

在前文〈掌握「黃金三分鐘」，掌握決定成敗的瞬間〉提到了關鍵的一通電話。其實這通電話是我在無計可施之下，不得已的一招。也多虧我的運氣好，才能接通這通電話。在這之前，我知道自己完全沒辦法接觸到王永慶董事長和王永在總經理，於是多方打聽之下，我把目標鎖定在南亞公司的王文淵經理身上。同時，我也得到一個消息，王文淵經理參加了一個氣功班。

在一九八〇年代初期，台北有位名叫吳三洙的氣功大師，很有商業頭腦，他針對金字塔頂端企業高層有健康的需求，開設了一個「企業家氣功班」。就如同現在很流行的各種EMBA和短期商學院，除了可以學習最新的經營管理理論和商業模式之外，還可以建立企業界的人脈。這個氣功班在企業高層之間大受好評，一時之間門庭若市。

得到這個消息我如獲至寶，立刻打電話報名插班，並且繳了幾千元的學費。當天晚上，準時到氣功班的授課現場，參加氣功課程。當所有學員依照氣功老師指導，採取「三圓式」站立，閉眼發功抖動時，我卻偷偷張開眼睛，四處尋找王文淵的蹤跡。很失望地，我完全找不到王文淵的身影。於是我在休息時間跑到辦公室去打聽，才知道王文淵已經在前一個星期結業離開了。結果我的幾千元學費泡湯了，氣功也沒有練成。

這個故事，連王文淵本人都不知道。經過三十多年，我的這個糗事也可以解密，分享給各位朋友了。

總結

對於企業客戶，業務人員致勝的關鍵在於「找到」、「早到」、「獨到」。即使在行動網路時代的今天，仍然是不變的真理。當然我也不否認，運氣真的很重要。

9 王永慶的兩大經營心法：追根究柢，公道合理

記得是一個星期四，王文淵終於敲定上午十點，與王永在總經理在台塑大樓的二樓會議室會面，由他陪同工研院電子所所長胡定華和我，向王永在報告PCB技轉方案。

由於我們提早到達，王永在的前一個活動尚未結束，因此由沈國華專員陪同我們在一樓的展覽大廳參觀。沒有多久之後，王文淵氣沖沖而且非常緊張地找到我們，劈頭對沈專員就是一陣責罵，說他沒有把握好時間。因為王永在總經理的上一個活動即將結束，我們卻還在一樓大廳閒逛，沒有在預定的會議室裡等待。在大企業集團核心工作的壓力，由此可見一斑。

我們一行匆忙趕到二樓會議室坐定，之後只見胡定華所長拿出筆記本，中間夾雜許多小紙片，密密麻麻記了很多重點，趁著等待的這段時間，他又重新審視了一番。

當年的工研院電子所所長是個位高權重、負責帶領台灣電子和半導體產業騰飛的重要職位，為了與台塑集團王永在總經理見面，胡定華做足了功課，宛如學生應付考試一般，不但做筆記，還用好幾張小紙片做小抄，提醒自己談話的重點。

由於整個技轉專案是由我主導設計，所以自認對這個專案綜觀全局、瞭若指掌。雖然我也有帶筆記本，也做了重點提示，但是和胡定華所長比起來，我真的是自嘆不如。我只是台灣惠普公司的一個小小業務經理，而他可是堂堂工研院電子所所長，他的準備工作令我衷心欽佩。

不到黃河心不死

由於王永在總經理前一個會議有所拖延，因此我們的會議延誤了幾乎半小時。好不容易王永在過來了，我們坐下來談了十分鐘，他的助理就進來提醒，下個行程是到總統府開會，所以不能遲到。於是在抱歉聲中，會議就草草結束了。

沒有談到重點，也沒有結論。我們幾個人難掩失望臉色，互相望了望，胡定華所長就決定起身告辭，改日再約談。

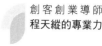

我認為危機就是轉機，就在王文淵感覺非常抱歉的情況下，我問他「董事長在辦公室嗎？」於是王文淵據實以告，王永慶就在隔壁大會議室裡，和日本豐田（Toyota）汽車的代表在開會。

當時的經濟部長是號稱「趙鐵頭」的趙耀東先生，他在任上力推「大汽車廠」，技術引進的合作夥伴就是日本的豐田。趙耀東大力遊說台塑集團入股大汽車廠五％，並且敦促王永慶擔任董事長。在政府給予的極大壓力下，王永慶不得不出面與日本豐田的代表開會，談判合資的內容與條件。王文淵透露，由於豐田的姿態很高，因此幾天下來的會議進行得並不是很順利。一方面是王文淵感覺抱歉，另一方面是我極力堅持，所以我們就在會議室裡等著，等王董事長會議休息片刻時，上前打個招呼，換個名片，否則這一趟就是白來了。當王文淵和胡定華在小會議室裡閒聊的時候，我就站在走道上死守著，注意隔壁會議室門口的動靜。

皇天不負苦心人，約過了二十分鐘左右，只見會議室門打開，王永慶一個人走了出來，臉上滿是不悅的表情。我馬上拉了王文淵和胡定華迎上前去，抓住這個黃金時間一分鐘，簡單說明了我們來的目的。

出乎意料的是，王永慶居然主動表示有興趣，並且建議到我們的小會議室去詳細談談，了解清楚這個ＰＣＢ技轉專案。眾人坐定之後，我先問了王永慶，隔壁會議是否結束了，我們有多少時間？沒想到他竟然用台語說：「我這世人都沒有做過五％的董事長，這個會沒什麼意思。我出來喘口氣，就讓他們等一等。」

追根究柢

在我詳細說明了這個ＰＣＢ技轉專案，以及對台塑集團的好處之後，王永慶開口問了我：「你們惠普又不收技轉權利金，那對你們有什麼好處？」我說：

惠普的七個公司目標之中，有一個是「善盡當地公民責任」（citizenship）。

惠普在台灣市場受到眾多客戶的歡迎，但是我們除了銷售和維修的業務組織外，在台灣並沒有研發和生產的機構，對於台灣電子產業的發展，貢獻有限。

因此，希望透過這個ＰＣＢ技轉專案，對台灣電子產業的發展，盡到我們當地公民的責任。

聽完我這段話之後，王永慶接著又問：「那對你們惠普有什麼好處？」顯然王永慶對我的回答並不滿意，同樣的問題又問我一次。我再說：

這次轉移的ＰＣＢ生產製造和管理技術，來自位於矽谷的惠普ＰＣＢ工廠。這個工廠已經成為惠普對全球客戶展示電腦管理應用和工廠自動化的最佳實例。如果我們在台灣能夠擁有一個同樣的工廠，不僅僅對台灣電子產業有貢獻，也可以成為我們對客戶展示惠普電腦應用的示範工廠，對於惠普在台灣拓展業務，有很大的幫助。

說完這一段話之後，我心裡暗自在想，王永慶總應該滿意了吧！沒想到他居然開口又問：「那對你們惠普有什麼好處？」**同樣的一個問題，他居然問了三次。**對我前面的答覆，他不說對，也不說不對，只是重複地問。我心裡暗自一思量，決定趁機實話直說：

董事長，這個專案總投資是兩千萬美元，其中大約有兩百萬美元是用在採購管理和自動化的電腦和儀器設備。我要先聲明，這些都必須要採購惠普的產品，我們的應用軟體才能夠在電腦上面使用。

說完這段話以後，我就閉嘴，眼睛直盯著王永慶看，等待他的答覆。這回他沒有再問了，他想了想，微笑著回答說：「這樣來說也是合理，我們引進惠普的技術，自然應該要用惠普的產品。」於是轉頭交代王文淵：「這款重要代誌，要趕緊進行。」

王永慶走出會議室之後，我看了看手錶，他居然把來自日本豐田的代表晾在大會議室裡整整一小時，而我們這個兩千萬美元規模、對台灣ＰＣＢ產業和電子產業後續起了重大影響的投資案，竟然就在這一小時中拍板定案了。

結論

一、久聞台灣的經營之神王永慶有「追根究柢」的精神，當天總算見識到了。

二、王永慶不相信只擁有五％股份的他，擔任大汽車廠的董事長可以成功，後來這個大汽車廠也就不了了之了。

三、王永慶認為，做生意要「公道合理」才能夠成功，如果單方面占了便宜，另外一方面吃了虧，結果只會成為雙輸的局面。

10 如果你是千里馬，第一件事情應該是先了解伯樂

許多人都埋怨自己是匹千里馬，但找不到伯樂。以棒球比賽來說，投手是千里馬，而主審就是伯樂。問題在於，千里馬總認為自己投的每一顆球都是好球，而不想辦法了解伯樂的好球帶。

我的臉書（Facebook）朋友黃偉俐醫師，在我二〇一七年七月二十三日與S君對話的貼文*裡，發表了以下的評論：

從歷史來看，千里馬比伯樂多，看看韓信吧！歷史中有多少抑鬱而終的韓信呢？當然自戀自滿的更多，但是程老，您錯了，歷史上伯樂如劉邦，劉備者少之又少，如曹操，項羽忌才者太多了。

---

* 編注：與S君對話的貼文，請見：http://bit.ly/2ELWd7e，或掃描下列條碼：。

我是精神科醫師，也是心理學研究所，念的是平行處理系統，也就是神經網路，本身也做心理治療，也在跨國藥廠擔任高階主管幾年，您的經驗我很能體會，也很贊同，只是千里馬如韓信者到不了程老師您這關，這叫 selection bias（編注：選擇性偏差）。

我答應黃醫師要回覆。我的其他臉書朋友也有一些類似的疑問，就在這裡一併回答。

什麼是伯樂？

首先我想將「伯樂」稍微定義一下。伯樂不必要是很偉大，或是很有權勢的人，伯樂可以是一個平常人，我們每個人也都可能是別人的伯樂。

在每一個人的一生當中，都會遇到一些貴人。這些貴人在我們的人生和職業生涯當中，給我們開導、扶持，給我們機會和舞台，讓我們能夠發揮自己的天賦與熱情，得到自我的成就。

廣義一點講，伯樂可以是我們人生中的貴人。如果從這個角度來看的話，肯定伯樂是多過千里馬的。

什麼是千里馬？

反過來從千里馬的角度說，我堅信「天底下沒有不可用的人」，也就是一句老話，「天生我材必有用」，所以，每個人在自己的天賦、熱情與專業領域中，都可以是千里馬。

那麼在今天的社會裡，為什麼有這麼多的千里馬感嘆著說「我的伯樂在哪裡」呢？我認為，大部分的問題出在千里馬身上，而千里馬自己並不知道。

以棒球賽為例：投手是千里馬，主審是伯樂

以我們都很熟悉的棒球賽做例子。當投手在一場比賽裡，熱身完畢第一次踏上投手板後所投出的前幾球，不管好壞，最重要的目的是什麼呢？我認為最重要的目的，就是測試出主審的好球帶範圍，以便和捕手合作，決定接下來的投球策略。因為投手所投的球，究竟是好球還是壞球，還是主審說了算。

即使所有的主審都經過同樣的培訓，個人喜好還是有所不同的。即使是同一個主審，在不同的時間、地點、情緒影響之下，他的好球帶還是會有變化。**聰明的投手要拋棄自己的主觀、克制自己的情緒，針對主審的口味投其所好。**

投手就是匹千里馬，而主審就是他的伯樂。今天出的問題在於，千里馬總認為自己投的每一顆球都是好球，而不想辦法了解伯樂的好球帶，究竟是寬還是窄？偏內角還是偏外角？偏高球還是偏低球？

很多事情都有不止一個主審

我年輕的時候犯過很多錯，其中最大的錯誤，就是我當時並不了解，**很多事情都有一個以上的主審**，他們決定我做的事情是好還是壞，他們決定我的工作績效，他們為我的工作成果評分。

這個主審，還未必就是我工作上的直接老闆。而我竟然不知道我的主審是誰，他們對於我的生活或工作成果有多麼重要，更遑論他們的好球帶在哪裡。

因此，在這種我行我素的情況下，我怎麼會遇到伯樂呢？即使遇到了伯樂，我也可能不知道；即使我知道我遇到了伯樂，也可能得不到他的青睞。

投出主審認可的好球

我付出了很多的學費和代價，才了解到主審的重要性，才會在每件事情開始之前先找到我的主審，並且清楚地了解他們的好球帶。然後，我的伯樂就一個一個出現了。

各位朋友，你有沒有想一想，在你的人生或職業生涯棒球比賽當中，你的主審是誰？他們的好球帶你清楚嗎？

11

論好工作，談好老闆

老闆都是一時的，沒有永遠的老闆。縱使有比較難相處、難配合的老闆，也不要頹廢喪志。要把這個短暫機會，視為一個挑戰，努力去克服它。

一九八二年，我在台灣惠普公司擔任電腦部業務經理，經常參與面試。當時惠普的面試非常慎重，至少會有幾個關卡必須過，首先是履歷必須先經過人事部門篩選，然後經過人事部門的面試，通過以後，才會安排部門經理們的面試。

多數決的企業文化

為了避免招聘部門主管過於主觀，還要另外安排一到兩個其他部門主管，分別再度面試應聘人選。所以，每一位被面試的應聘人，都必須經過包含人事部門在內，至少三個以上的面試。為了避免讓應徵者跑太多次，我們都會盡量安排在同一天。

全部面試結束以後，招聘部門主管會召集人事部門與其他面試經理，一同坐下來檢討，針對每一個應聘人選的面試過程提出自己的看法。如果得到一致同意，那麼就決定聘用。然後，這個決定會送到招聘部門主管的上級主管，以得到批准。如果上級主管覺得有必要，還可以再安排一次最終面試。

這種面試過程，充分反映了惠普的價值觀和企業文化：一切決策都盡量要做到「共識決」（consensus）。

善盡當地的社會責任：招募新鮮人

惠普的「七大公司目標」之中，有一條就是「善盡當地公民責任」，而這包含招聘剛從學校畢業的新鮮人。只要當地公司規模夠大，就不能只招聘有經驗的人，在每年招聘的名額當中，至少有一半以上要留給學校剛畢業的新鮮人。雖然招聘部門主管多半喜歡用有經驗的人，但惠普認為，應該把一部分機會留給學校剛畢業、沒有經驗的新鮮人，才算是盡到當地公民的責任。

為了爭取優秀人才加入惠普，我們必須主動到目標大學去做校園招聘（college recruiting），這在美國是非常普遍的做法。我們不但要主動到校園做公司介紹，提供工讀機會，而且還會安排有興趣的學生到公司參觀。當年，惠普的部門主管都必須積極參與校園招聘活動，因此我有很多機會擔任學生到公司參觀時的導覽。通常我在導覽結束以後，都會跟學生們座談，聽聽他們對於此次參觀的想法。

找第一份工作的考量

在座談時，我都會利用機會問問這些即將就業的同學們，當他們在尋找公司時，會考慮到哪些因素。透過腦力激盪的方式，往往可以記滿五六張白報紙之多。

經常被考慮到的因素包括薪水福利、工作環境、公司形象、工作內容、教育訓練、升遷機會、工作輪調等等。經過我的統計和歸納，所有的考慮因素都指向兩大類：一類是尋找「做大事」的機會，另一類則是希望能夠因此而「賺大錢」。

換跑道前的思考：歐美總部與亞洲主管

一九九七年底，我決定離開工作了將近二十年的惠普，加入半導體產業，成為德州儀器公司亞洲區總裁。

根據我在一九八八到一九九七年間擔任跨國公司外派人員的經驗，總部位於歐美的跨國企業，其亞洲的地區主管或最高主管，大多是由總部派來的。而他們的缺點，就是難以融入和了解當地的市場與文化。因此，許多企業開始嘗試從亞洲尋找有經驗的人才，擔任亞洲地區的最高主管。

但是，這種做法失敗的也不少，主要原因在於亞洲主管並不了解歐美總公司的產品、技術、價值觀、文化等等。更重要的是，如果在總部沒有人脈和靠山，又不了解總部的權力運作模式，所謂「朝中無人，禍福難料」，很容易因為一點小事就捲鋪蓋走人。

因此，我要求德州儀器先讓我在美國總部工作半年，了解產品技術、建立人脈、構思亞洲策略，然後再回到亞洲走馬上任。

換公司、換工作的考量

一九九七年底，我舉家從北京搬到德州達拉斯。在這半年學習的過程當中，除了學習半導體產業、產品、技術等等，我也特別注意德州儀器的發展歷史，以及衍生的價值觀和企業文化等知識。

在這過程當中，我發現了一本小冊子，上面記錄了德州儀器委託第三方顧問公司在一九九六年做的一次市場調查，調查的主題是「在美國高科技領域有經驗的人，在換工作、換公司時所考慮的因素」，目的是讓德州儀器加強吸引人才的競爭力。這個調查針對德州儀器希望招聘的目標人才進行訪談，總共有一千六百多個對象樣本，進行的方式有點像我在一九八二年對應屆畢業生找工作考慮因素的調查。不同的是，德州儀器調查的對象是有工作經驗的人。

委託專業顧問公司做這種調查，在理論上和方法上，當然都比我的調查要嚴謹許多，他們不但列出了主要的考慮因素，而且用「強迫排序」（forced ranking）的方法，要訪問對象決定取捨，然後排出優先次序。舉例來說，薪水很重要，但家庭也很重要，如果有人說「家庭比薪水重要」，因而拒絕長期出差的工作，那麼公司就不斷提高薪水，一直到令他無法抉擇為止，這個狀態就叫做中立點（indifferent point）。當薪水超過中立點時，受訪人就可能會放棄家庭，接受經常出差的工作條件。這個方式就叫做「強迫排序」。

工作、薪酬、老闆

這個調查報告的結論是，有數年工作經驗的人才，在考慮換公司、換工作的時候，考慮的因素可以歸納成三大類：

一、好的工作（great job）；

二、好的報酬（great buck）；

三、好的老闆（great boss）。

在這其中，好的工作、好的報酬就類似我在一九八二年調查時候總結的「做大事」和「賺大錢」。從這兩個調查可以看出：**有經驗和沒經驗的最大差別，就在於「好老闆」這個條件的出現。**因為，有經驗的人能了解好老闆的重要性。

在企業裡，升遷雖然跟個人能力很有關係，但有時候也離不開運氣。如果跟了一個有能力的老闆，不但可以加速個人的學習和進步，老闆的升遷也會帶動自己的升遷。

這個調查報告中最有趣的是，在經過強迫排序之後，「好的老闆」居然脫穎而出，成為大部分訪談調查對象的首選。也就是說，不管如何提高「好的工作」和「好的報酬」，一個真正令人仰慕的老闆，是不會被取代的。

結論

在我過去四十年的職涯當中，我對於老闆的重要性認知，可以總結成以下幾點：

一、我第一份工作的第一個老闆，對我一生影響非常大，至今我簽日期的方式、工作習慣、做事的細節等等，都仍然承襲著我第一個老闆的做法。

二、四十年職涯當中，我換過無數老闆，有台灣人、大陸人、美國人，他們都是我的貴人、我的老師、我的伯樂。

三、如果把時間拉長來看，老闆都是一時的，沒有永遠的老闆。縱使有比較難相處、難配合的老闆，也不要頹廢喪志。要把這個短暫機會，視為一個挑戰，努力去克服它。

四、如果你是棒球投手，那麼你的老闆就是主審。你投的是好球還是壞球，他說了算，不是你說了算。

五、職業生涯就像打棒球，如果你真的碰到了一個難搞的主審，解決的方法就是不斷提升自己的能力，從地區聯盟、小聯盟，打到大聯盟。你會發現，大聯盟的選手是一流的，主審更是頂級的。

六、我過去四十年經驗的總結是：「只有老闆挑屬下，沒有屬下挑老闆。」作為一個下屬，即使每天抱怨老闆，也不會把老闆換掉。但當老闆每天抱怨你的時候，你就要小心被老闆換掉了。

七、**優秀員工離職的時候，通常表面上的理由都是「別人給的薪水比較高」、「別家給的機會比較好」、「別家給的職位更高」等等，但真正的理由往往只是老闆不值得他尊敬，和老闆關係不好，甚至老闆本身有問題。**

然而，不管你目前是屬下還是老闆，這篇文章都值得你重視。

12 在大企業中生存的「撞牆理論」

四十年職業生涯裡，我大部分時間都在外商跨國公司服務，但我所認識、接觸、熟悉的台灣成功創業家也不在少數。

這些第一代創業家的個性和做事方法，都有某種程度的相似之處：大多是白手起家，經歷了創業初期的艱難和奮鬥，才成功創立了大企業。這些「創一代」的企業家們，都非常有生意頭腦，勤於學習，也非常重視創新和創意。平常人看到的一些現象，在他們眼中都可以變成商機。因此，他們的想法奇特，而且經常改變，也就不足為奇了。

第一代創業家的共通特性

這些成功的創業家大多顯得沒有耐心，對屬下恨鐵不成鋼。在他們眼中，常覺得部屬不能深刻了解他的想法，或是跟不上他的速度，所以經常忍不住要開口罵人。罵人的程度都是一樣的，只不過台塑集團用台語罵，遠東集團用英語罵，鴻海集團用國語罵。但這些創業家有時會忽略一件事：「責備」和「羞辱」是有很大差異的。

由於他們的腦筋動得太快，因此他們說的話屬下也經常聽不懂，只有跟在身邊多年、共同經歷過創業艱難時期的老臣們，才比較能夠立即理解他們跳躍式的思考和說話方式。這也就不難理解，為什麼大企業集團總是有個核心圈，圈子裡多半是老臣們圍繞著創業的老闆，形成一個小社會，其他人很難打入這個封閉的小圈子。

這些成功的大企業老闆還有一個共通點，就是「時間管理」做得很糟糕，尤其是內部會議很少有準時的。老臣和屬下們也習慣以「眾星拱月」的方式圍繞老闆、配合老闆的時間。

失控的會議

舉一個真實的例子吧！有天早上，某上市大企業的董事長進了辦公室以後，心裡仍然記掛著昨晚讓他難以成眠的一件事，馬上請祕書叫A副總到他的會議室來討論。談話過程當中，話題牽扯到另外一位B副總，於是董事長又吩咐祕書，馬上請B副總也到會議室來加入討論。人多話就多，於是話題又擴大，必須要找一個C協理進來，把細節搞清楚，於是祕書又召喚了C協理到會議室來加入會議。

沒過多久，會議室已經坐了十幾個人，話題從天南談到地北，隨著董事長跳躍式的腦子轉來轉去。許多後來被召喚進來的高級主管們，完全不知道這個會議召開的目的是什麼，也完全不清楚一開始的話題是什麼。

這時候，董事長祕書敲了敲門，走進來在董事長耳邊提醒：先前約了的政府官員已經在外頭，有重要議題要談，時間已經快到了。所以此時董事長必須離開公司，前往拜會這位政府官員。於是董事長說話了：「我有重要會議要去參加，那麼你們就繼續談吧！」然後就匆匆離席，留下了一屋子錯愕的高階主管們，不知道這個原來沒有規劃的會議，到底要談些什麼。

老闆交辦的事項

再舉一個真實的例子。在某大上市集團公司的高層會議裡，董事長交代剛加入集團沒多久的王副總一件任務：與某國立大學建立一個奈米材料合作計畫，以便在最短時間內，將某個新產品的材料做出重大的技術突破。會議結束之後，王副總立刻著手規劃，並且與這個國立大學的奈米實驗室召開多次會議，將雙方的權利義務、專案經費、時間表等等都談好了。

一個半月以後，王副總將這個合作專案的重點準備好簡報，信心滿滿地參加了董事長主持的另外一個高層會議。在會議中，董事長的重要議題告一個段落以後，王副總主動提出，希望向董事長報告這個合作計畫。沒想到董事長居然回答：「這個專案是陳副總負責的，你來報告幹什麼？這個專案你不要管。」王副總的滿腔熱血一下子被澆熄了，在會議結束之後，帶著懊惱的心情，請教了許多老前輩，終於心裡頭才有了眉目。

董事長心中掛念的事情，會在不同的會議上一直提到，但每次提到的時候，總要交代一個人去執行，而每次會議參加的人不同，他就指定出席的某個人來負責。王副總算了一算，董事長交代他的時候，他已經是第七個人了，但這些老臣們都知道董事長的個性，其實真正負責的人就是他最信任的一個老臣：丁副總。

作為一個新加入集團的成員，沒有人會告訴王副總這些事，他也沒主動去拜拜碼頭，請教這些老臣，因此鬧了這個笑話，只能自己懊惱。

撞牆理論

不管在中國大陸或台灣，創業成功的大企業裡，多多少少都有些相似的文化。怎麼應付老闆這種跳躍式的思維？尤其老闆交代的任務，有些很明顯不可行，有些又變來變去的，怎麼辦呢？以下是模擬的場景，但是可以在所有工作環境中適用。

有一天，大老闆來到了你負責的工廠巡視。他看到一堵牆，覺得有礙觀瞻，而且妨礙動線，在不聽你解釋也不了解細節的情況下，他命令你把這道牆給打掉。

事實上，這道牆是這棟建築物的承重牆，是不可以變動的，如果真的打掉，整個工廠建築會垮掉。於是在老闆面前，你也不必多解釋，就回答「是、是」，因為你知道，老闆在眾人面前下了這道指令，如果多解釋，就只會多挨罵。雖然嘴巴說是，但是你很清楚打掉這道牆的後果，所以你是不會去執行的。

過了幾天，老闆又來巡廠，你心裡頭希望他已經忘了這道牆。但很不幸的是，老闆想起來了，手指著這道牆破口大罵：「你是聽不懂我講的話嗎？叫你把牆敲了，怎麼過了這些天都沒有動靜？你馬上把這道牆敲掉！」於是，你指示屬下馬上去找來一支大錘子，握著錘子在承重牆較不重要的部位狠狠敲了幾下，還敲出了缺口來。老闆看到你的行動，很滿意地走了。當然，老闆一走，你立刻放下錘子停止敲牆。

隔了一陣子，老闆又到廠裡來了。這次走到這道牆前面，他大發脾氣，要你馬上執行命令把牆打掉，否則就要把你給開除掉。你也很清楚，事不過三，再不執行這道拆牆命令的話，可能被拆掉的就是你了。當著老闆的面，你親自拿起大錘子開始執行拆牆的命令。老闆當然沒那個耐心站著看你拆牆，於是他就滿意地離開了。

不出所料，當這道承重牆拆完了以後，建築物垮了一大半，於是這個公安意外傳到了老闆的耳朵裡，老闆立刻前來視察情況，追究責任。老闆怒火中燒，要你解釋為什麼工廠會垮掉。

你只好一五一十地說，這是老闆下的命令，你只是奉命行事。老闆聽了更加生氣，認為你把責任推到他身上，於是咆哮說：「難道我叫你去跳樓，你也真的去跳樓嗎？」

從撞牆中學到教訓

這時候你怎麼辦？我建議你，這時候要立正站好，大聲回答老闆：「老闆叫我跳，我一定跳。」我相信問題一定會圓滿解決，老闆不但不會追究你的責任，而且會更加信任你，他的怒火一定馬上熄滅，還會非常讚賞你的態度。這就是「撞牆理論」。

這種現象不會發生在外商跨國企業，但是在海峽兩岸的家族企業裡，經常發生。只要你會活用「撞牆理論」，就保你平安。一方面，你已經盡到你的責任，盡量拖延，不執行不可行的命令，有很大的機率，老闆心意會改變，在不傷及老闆面子的情況下，又保護了公司的最大利益。

如果老闆一意孤行，要你執行不可行的任務時，作為一個忠誠的屬下，你也只能照辦。雖然會出事，但是別忘了，公司是老闆的，他愛怎麼樣就怎麼樣。果不其然地出事時，老闆永遠是不會錯的，一定會把責任推到你身上。這時候，你就要勇敢承擔責任，而且讓老闆知道你的忠誠。在海峽兩岸很多華人企業裡，**「忠誠」永遠比「能力」和「績效」重要。**

最後記住這句話：**老闆或許會私下改過，但是永遠不會公開承認錯誤。**

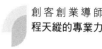

13 三種類型的員工，誰會被人工智慧取代？

二〇一八年一月三十日下午，我接受了MyBook謝文憲（憲哥）以閒聊方式進行、主題圍繞著我第二本書《創客創業導師程天縱的管理力》的錄影訪談。在訪談過程中，憲哥問了一個有趣的問題：「在人工智慧（artificial intelligence，下稱AI）時代，員工如何提升自我競爭力，才不會被淘汰？」

在網路上，這個問題被許多所謂「AI專家」廣為討論和預測，討論的重點大部分都圍繞著「什麼樣的職業、什麼樣的工作會被AI取代」。而我則試圖從另一個不同的角度切入，不從職業或工作來看，而是從員工從事職業的心態和做法，來看看什麼樣的人會被AI取代。

在我的第二本書中，有一篇〈獎懲與績效——新手企業主管不可或缺的觀念與工具〉，在這篇文章中，我提出了一個新的觀念：不論任何職務，都有製造、行銷、研發創新三個維度。如果只是聽令行事，就像製造部門接到工單才生產，那麼不管做得多好，也只是一個製造導向的員工。企業需要的，是除了能夠「生產製造」以外，還要有「客戶意識」和「創新研發精神」兩項條件的員工。

光看那篇文章的敘述，可能還不夠清楚，在這裡，就讓我用每個公司都會有的「會計」職務做例子吧！假設有這麼一個會計，他的責任是處理員工出差的費用報銷。過去平均每星期會收到四十件左右的費用報銷，可是突然有一個星期只收到了五件。

製造型員工

如果這個會計，覺得正好可以輕鬆一下，因此處理完這五個費用報銷，他多餘的時間就可以整理過去的檔案、上網購物、看看臉書、學習新知。那麼這個會計就是所謂的「製造型員工」。生產製造單位是接單才生產，沒有工單就不進行生產製造，而這個會計是收到費用報銷單就處理，如同製造單位一樣。

行銷型員工

如果這個會計對於「報銷單的數量突然降低」的現象覺得很好奇，於是就到經常有人出差的業務部門去了解情況。他發現，業務部最近做了組織調整，有許多新的業務人員加入，所以同仁對出差費用的報銷流程與表單不是很清楚，不知道應該怎麼做，導致許多人的費用報銷就延誤了。

於是這位會計主動跟業務主管聯繫，安排時間為所有新進業務人員講解，指導他們如何報銷出差費用，那麼，這位會計就做到了「行銷型員工」的境界。對這位會計來說，業務單位出差的同事就是他的客戶，因此他主動去了解客戶需求和痛點的改變，然後想辦法滿足他們，提高客戶的滿意度，因而做到了行銷角度的工作。

研發創新型員工

另外一個可能是，這位會計發現報銷單減少的原因，是因為公司業務蓬勃發展，市場擴大到歐美，因此業務人員一出差就要兩三個星期才能回來，因此許多出差費用就得等回到辦公室才能報銷。如此一來，不但報銷單時間延誤，而且員工自己墊付的費用也增加，對公司和員工都造成了負擔。

於是這位會計主動跟業務部門主管提議，由他設計一個電子表單，提供給業務人員在出差期間每天填寫，然後透過電子郵件或網路，每天寄給他來報銷處理。如此一來，公司在更短的時間內，就可以把報銷費用轉入員工銀行帳戶，同時這位會計的工作也可以平均分配到每一天，不會由於出差時間拉長而造成工作積壓。

他設計的電子表單，解決了由於市場環境變化而產生的新需求、新痛點，因此我們可以稱這位會計為「研發創新型員工」。

基業長青、永續經營的關鍵

工作的這三個維度，適用於企業的每一個職位，不僅僅是企業內不同功能的部門可以適用，而且對於企業金字塔中，從低到高的每一個管理層級也都適用。

在過去四十年的職業生涯裡，許多企業主問我：「企業如何達到基業長青、永續經營的境界？」坊間許多暢銷書也都試著回答這個問題，但是很少看到哪一本書提出了務實的做法。許多企業進入了衰退和滅亡的命運，都是因為過去的成功因素造成的，因為他們沒有辦法持續創新、學習。

對於他們提出的問題，我給的一個答案就是：將企業打造成一個「創新學習型組織」。企業是由人組織而成的金字塔，只要在企業內的每一個人都能夠在職務上做到製造、行銷、研發創新三個維度，那麼這個企業就是一個創新學習型組織，基業長青、永續經營也就不再是個空談的願景。

誰會被AI取代？

不可避免地，在可見的未來，將有許多人會被先進強大的AI所取代，但**界定他們會不會被取代的條件，並不是擔任的職務，而是工作的狀態和心態。**不論你現在從事任何職務、擔任任何職位，如果你只是一個「製造型員工」，那麼很快就會被AI取代。

現在還是AI剛萌芽的階段，你還有機會努力自救，確保將來不會被AI取代。趕快想想，在你的職務上，如何加入「行銷」和「研發創新」的成分，這不僅是為了自己，也是為了你所屬的企業。

14 再談「三種類型的員工」

大部分優秀人才都不承認自己不足，而且認為只要把「製造」維度做到極致，就算是盡責了。所以，如果你能夠做好「製造」、「行銷」、「研發」三個維度，就可以打敗大部分的同儕，甚至脫穎而出。

許多年輕朋友好奇地問我，我是怎麼做職涯規劃的，為什麼能在跨國公司晉升到高層？我在先前的文章裡提到過，只要做好眼前的工作，好的機會自然會找上你。不要忙著設定目標，反而把人生的路越走越窄。我也提過，**自己找上門的機會，會比你苦苦追求的機會來得更好。**

說實話，我年輕的時候懵懵懂懂，根本不知道怎麼做職業生涯規劃，也從來沒有做過規劃。在過去四十年的職業生涯裡面，我的幾次大轉折都不是自己能預料得到的。

但是，朋友們聽到我這些話以後都若有所悟，並且滿意地結束話題，很少會有人問我「怎麼樣把眼前的工作做好」，但在我看來，這才是真正的關鍵。

我在上一篇文章中談到，**不從職業或工作來看，而是從員工從事職業的心態和做法，來看看什麼樣的人會被ＡＩ取代。**

在我年輕的職業生涯時代，並沒有被ＡＩ取代的威脅和恐慌。但是，我這四十年一路走來，都是在每個工作崗位上做到，並且做好「製造」、「行銷」、「研發創新」的三個維度。**我從來沒有被名義上的職位或職務，限制了我所能夠達到的工作成果。**

我說過許多次，在優秀人才雲集、競爭極度激烈的外商公司與跨國大企業裡，要出人頭地並不難。因為有九〇％以上的人，都只是努力將「製造」做到極致，而不去理會「行銷」和「研發創新」這兩個維度。

「行銷」讓我重視「內部」和「外部」客戶的要求和感覺，因此建立良好的人脈和人緣，使我擁有比同儕更多的支持與資源。「研發創新」則讓我不喜歡「蕭規曹隨」的模式，更讓我挑戰、嘗試新的工作。我在企業金字塔底層的階段，就得到了許多「開疆闢土」的機會，建立許多戰功，得到金字塔高層的青睞。

我在臉書上貼出〈三種類型的員工，誰會被人工智慧取代？〉之後，不出所料，這篇文章的按讚數和分享數，相對於其他文章都比較低，也有些留言表示不以為然，並不認為這三種員工有什麼差別，甚至認為大陸的網路企業沒有這種困擾。

我的第二本書中有一篇〈用「心」鼓勵員工改過、解決管理問題〉，提到《了凡四訓》的改過之法：要發「恥心」、「畏心」和「勇心」，唯有承認自己有不足之處的人，才會改過，才會進步。

再次鼓勵年輕朋友們，在大企業裡面服務，要想在眾多人才中競爭並且脫穎而出，並沒有那麼困難。因為，大部分的優秀人才都不承認自己有不足之處，也不認為需要去關心別人的看法。而且他們往往認為，只要把目前的「製造」工作做到極致，就算是盡到自己的責任了。所以，如果你能夠做到、做好工作中「製造」、「行銷」、「研發創新」三個維度，就可以打敗大部分的同儕，甚至脫穎而出。這也證明了每個人的最大敵人就是自己，而不是競爭對手，也不是「豬隊友」。

說了這麼多，你是不是考慮把前一篇〈三種類型的員工，誰會被人工智慧取代？〉再仔細看一遍？

Part 2

經營管理的專業力

Chapter 1
執行與溝通

15 在理論掛帥的時代，用實務解決問題

一九九三年我在北京擔任中國惠普總裁，我決定著手進行薪酬體制改革，由低工資、高福利的社會主義制度，走向高工資、低福利、單一薪俸的現代化薪酬制度。

福利有時也是問題

在琳瑯滿目的福利當中，有一項成本很高，但使用率並不高的制度，在中國大陸叫做「班車」，在台灣叫做「交通車」，也就是公司提供大巴士，來接送員工上下班。

這項福利對於位處郊區的工廠，或是大眾交通運輸系統還沒有建設起來的大城市，都是非常必要的，否則員工面臨的選擇很有限，要嘛就是搭乘班次少但停靠站數特別多的公共汽車，要嘛就是搭乘費用昂貴的計程車。公共汽車除了上下班時間非常擁擠以外，消耗的也是員工的時間。而計程車雖然方便，但一般員工可負擔不起昂貴的車資。因此，「班車」成了一九九〇年代中國大企業必須提供給員工的福利之一。

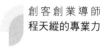

我的策略很簡單，就是把這昂貴的人均福利成本，加到員工的現金薪水裡面。為了避免員工因為薪水（帳面上）增加，而所得稅負擔也隨之增加所引起的抗拒，我再把所得稅加到員工薪水裡。

同時根據我的觀察，早上來上班的班車都是滿載的，但下班的班車使用率則非常低，通常只有一兩成的員工會搭乘下班的班車。因為員工下班以後，通常都要去辦點事、買點東西，因此就各自自費搭乘公車或計程車去辦事，不搭乘公司所提供的班車回家。這就造成了下班班車很多空車浪費的現象，也是促成我想要去除班車的原因之一。

解決問題的選項

從理論上來講很簡單，只有三個選項：

一、**把上下班車都取消，改發含稅現金給員工。**這樣一來，員工上下班更加自由，可以搭公共汽車，或是自己揪團共乘計程車。由於員工散住於北京各地，因此每輛班車都要規劃路線繞路去接員工，耗費的時間也相當長，跟公共汽車差不多。如果員工自己揪團搭計程車，就可以節省很多時間了。

二、**保留原來的班車制度，不做改變。**

三、**保留提供上班班車，取消下班班車，改以含稅現金發放給員工。**主要原因就是上班班車的使用率很高，下班班車的使用率很低。

解決問題的思考過程

於是，我趁著每個月一次的員工大會，做了一個非正式的意見調查，把三個選項的做法和補貼的含稅現金金額，都很清楚地告訴了員工。由於補貼的含稅交通費用滿高的，雖然還達不到每個人都可以自己搭計程車上下班的程度，但只要有兩個人共乘，可能還會有結餘。所以，員工照講應該會選擇全部取消班車，或是取消下班的班車。結果出乎我的意料之外，每個選項大約都有三分之一的人支持。這就讓我的立場非常尷尬了，無論最終我決定選擇哪一項，都有三分之二的人反對。

我仔細分析了一下，選擇全部取消的員工，大部分都是二十來歲的年輕人。選擇維持原來制度，也就是不取消任何班車的，大部分都是五十歲左右的員工。而選擇只取消下班班車的，大約都是三四十歲左右的員工。

五十歲左右的員工經歷過文化大革命的動盪，心態上難免比較保守，不想有巨大的改變。

對於二十多歲的年輕人來說，現金當然比較重要，這些看得到、拿不到的福利和保險，還不如現金來得好用。處於中間年齡的這些員工，就比較務實，他們認為上班時候非常需要班車，至於下班以後，各走各的路、各辦各的事。反正下班班車也很少搭乘，倒不如拿現金比較爽快。

他們的想法我都可以理解，但是這就造成了我很大的一個難題，怎麼做決定可以讓大部分的員工都滿意？

從另外一個角度切入

就在我頭痛的時候，從務實的角度來看問題的習性提醒了我：從可行性分析和調查的角度，我問過了員工，可是我也應該去問班車公司的看法。

當時我們的合約是跟北京一汽公司簽的，由北京一汽提供我們上下班的班車服務。經過諮詢以後，只提供上班班車的選項馬上被否決掉了，因為沒有任何公司會只租用下班的班車。北京一汽給的選擇很簡單，要麼全部租用，要麼全部取消。

這樣一來情勢急轉而下，我們做了一個民主投票，變成二選一的選項。贊成全部取消班車的，就占了三分之二以上，原來贊成只取消下班班車的，全部改投取消班車一票。於是我的薪酬體制改革，成功邁進了一大步。

結論

一、「班車」就是一個歷史遺留下來的「不拉馬的兵」＊。班車對於企業有形的成本非常昂貴，但是無形的管理成本也非常高。企業領導者必須要能夠看到問題，面對問題，進而解決問題。

二、員工對於薪資和福利的興奮期頂多只有三天，三天以後，他們會認為這些都是理所當然的。因此，許多福利從長期來看，都起不了激勵的作用，一旦要終止，反而是抱怨的來源。

三、任何改革都要提供員工足夠的誘因，讓他們得到好處，才會支持改革。但改革的方向一定要朝向「管理簡單化」。管理越簡單，越不容易出錯，成本越低，資源才能聚焦在核心能力上。

四、**天底下沒有解決不了的問題。問題的定義，就是有答案的，而且答案肯定不止一個。如果真的沒有答案，那不叫做問題，而叫做現實。不要浪費時間在改變你無法改變的現實上。**

五、理論與實務必須相輔相成，但是在科技進步飛快、環境迅速改變、競爭不斷加劇的年代裡，我認為實務比理論有效。

＊編注：請見〈從「不拉馬的兵」談企業中的無用習性〉，收錄於作者前作《創客創業導師程天縱的管理力》。

16 從〈獎懲與績效〉一文談管理指標問題，以及如何處理反對意見

二〇一七年三月十二日，我在「吐納商業評論」發表了〈獎懲與績效——新手企業主管不可或缺的觀念與工具〉一文，由於非常受到讀者歡迎，因此出版社將之收錄在我的第二本書《創客創業導師程天縱的管理力》中，列為第一篇文章。二〇一八年一月十九日，《商業周刊》的網站轉載了這篇文章，重新下了標題為：「新手主管必看！強迫對屬下記功和記過……富士康前副總裁程天縱：這樣考核績效，才能留住真正將才」，並在二十二日轉貼至其臉書粉絲頁。

隨後有位讀者在《商業周刊》臉書粉絲頁的這篇文章留言表達了他的意見。這位讀者的留言如下：

狗屁不通

還不是因人設事

沒有科學基礎的管理就是廢

請問程大大
您給您的部屬一個努力的方向或指標然後量化或數據化嗎
請您先看完楚漢相爭及三國後
再來下定論
華人是一個多麼自私又沒視野的民族

於是我留言回覆如下：

XX，我們還不是臉書朋友，你對我的文章可能了解不多，但是我了解你的感受。
我年輕的時候，看到這種文章也會先罵一句「狗屁不通」。
但是當自己開始寫文章分享，變成被批評對象時，我才發現過去我罵別人「狗屁不通」時，往往是我沒有搞清楚，這篇文章內容所要解決的「問題」是什麼。
如果你能夠靜下來，再好好讀一下這篇文章，然後把我整篇文章內容與建議方法，以及想要解決的「問題」找到，或許就不會再罵我「狗屁不通」了。
經常我們看一篇文章時，太深入了解內容，但卻把要解決的「問題」搞錯；就會覺得文章狗屁不通、浪費讀者時間。

你試著找找看，我這篇文章要解決的「問題」是什麼。

對症下藥

管理的手法有千百種。一個好的主管懂得「對症下藥」，這個「症」指的就是組織或人的「問題」所在，而下的「藥」，就是管理的手法。

我並沒有在《商周》粉絲頁告訴這位讀者答案，而這位讀者也沒有再回覆我的留言。那麼，強迫主管記功記過，究竟是要解決什麼「問題」？我自己再看了一遍這篇文章，覺得確實說得不夠清楚，難怪讀者會有這樣的反應，因此我再寫了這篇文章，希望把「問題」說清楚。

關鍵績效指標

我想這位讀者所說的「量化或數據化的指標」，就是所謂的關鍵績效指標（key performance indicator，下稱ＫＰＩ）；我也非常同意他說的「沒有科學基礎的管理就是廢」。英文有一句名言：「無法具體衡量的事情，就無法具體改進，」（If you cannot measure it, you cannot improve it.）說的就是這件事。

但是，KPI並不是萬靈丹，否則……**既然大部分的公司都在使用KPI，為什麼管理仍然出問題？**

前一陣子網路上流傳一篇文章，提到日本有名的家電公司索尼（Sony），把近幾年來無法創新和業績下跌的問題歸咎於KPI，引起了網路上一片撻伐聲。許多人認為，KPI這種冷冰冰、缺乏溫度、刻板的管理手段，正是扼殺了索尼創新的主要原因。

我認為，管理者搞不清楚問題是什麼、不會對症下藥，反而歸咎於藥方，都是偏頗或以偏概全的言論。我要請各位朋友看看我第一本書中〈從「大歷史觀」看企業管理的思維與藥方〉一文。

這篇文章中提到的「目標管理」（management by objectives, MBO），就是一種財務指標導向的KPI，並且必須以「走動式管理」（management by wandering around）與「門戶開放」（open door policy）來作為配套措施。因為，目標管理的缺點就是「只重視工作結果，而沒有重視過程」。

後來流行的「平衡計分卡」（the balanced scorecard）也是一種強調KPI的策略管理工具，但更加擴大到「財務」、「顧客」、「內部流程」以及「學習與成長」四個層面，以平衡評估組織的績效，並連結目的、評量、目標及行動的系統，轉化成可行的方案。

這些量化和數據化的KPI越分越細，越來越繁瑣，使得管理者疲於奔命，為了KPI數字而忽略了過程和人性化的一面。

強迫獎懲要解決的問題

大家都忘了，早期惠普公司實行目標管理時，都必須搭配「走動式管理」與「門戶開放」的原因。尤其華人企業的東方式管理，很難接受「門戶開放」的做法。階級嚴明的組織架構，也讓管理者與部屬們的距離越來越遠。類似「走動式管理」的「勤走基層」做法，現在也只存在於民意代表和選舉前。

強迫主管們要為屬下記功記過，就是針對這個「主管與部屬脫鉤」的問題而提出來的解決辦法。這是一種強迫主管「走動式管理」、為KPI設定的配套措施，彌補了「只重視結果，不重視過程與人性面」的缺失。

如何處理反對意見

最後，再請各位朋友回到這篇文章的開頭，我針對讀者批評所回覆的那一段話。今天的網路世界，經常有人因為意見不同而產生爭端，甚至於演變成互罵，就是因為缺少處理批評言論或不同意見的技巧。

同理心

當有人批評你、反對你、持不同的意見時，記得使用這三個英文字：feel（感受）、felt（曾經感受過），以及found（發現）。

- 感受：我了解你的感受。
- 曾經感受過：我年輕的時候，看到這種文章也會先罵一句「狗屁不通」。
- 發現：後來……，我發現……（當自己開始寫文章分享，變成被批評對象時，我才發現……）

第一句和第二句讓對方感覺到，你是和他站在同一邊的，而不是彼此對立或對抗的。第三句表示，因為某個時間點之後，你的想法改變了，然後開始解釋，為什麼你的意見是正確的。

如果大家都懂得使用這麼一個小技巧，在處理「批評」或是「反對」的時候，就不會演變成爭吵不休的局面了。希望大家都有「同理心」，讓真實世界和網路世界都變得更加和平而理性。

17

「赤字接單，黑字出貨」報價策略：景氣驚濤駭浪中的求勝祕技

所謂「赤字接單，黑字出貨」，就是以不賺錢的價格去接訂單，但最後在出貨的時候卻是賺錢的。其實這並不是魔術，只要徹底把損益、成本、費用、利潤等等都徹底搞清楚，就會發現關鍵就在報價上。

我年輕時的那個年代，在外商公司上班，最大的好處就是有完整的培訓課程，尤其是晉升為基層主管以後，公司會安排一系列實用的管理課程，以確保沒有經驗的主管們能夠順利執行管理工作。

電腦模擬課程

其中有一個課程，是將學員分成六組，每組是四到五個人，再用電腦模擬出各種案例，讓

我們每個小組都擔任同一項產品的出品公司經營層。電腦會給我們不同的狀況，要我們做出決定，而在做每一個決定時，都必須輸入一些數字到電腦中。

最終，我們面臨的狀況是訂單超過了產能，必須決定：

- 是否要求員工加班，同時付出更高的加班費用？
- 交給外包廠商，付出比自製更高的成本？
- 挑選客戶，拒絕一些價格和利潤不好的訂單？
- 或是購買新廠房、新設備，增加產能來應付？

電腦給了我們所需要的所有數字，包含價格、數量、交貨期、成本、毛利率等等，然後依據每一組的決定和輸入的資料，由電腦模擬計算未來一年的財務報表，並依照每一組的獲利排出名次。在一九八〇年代中期，這種管理課程讓我們大開眼界。但是，電腦究竟怎麼算出一年以後的財務報表，這個我們就沒有辦法知道細節了。

結果很有意思：凡是決策為「不建新廠」的，名次都排列在前面；而只要是「建新廠增加產能」的小組，排名都在後面。很不幸地，我們這一組決定要建新廠，而且成績排在六組中的最後一名。

根據老師的說法，因為多餘的訂單不足以填滿新廠的新增產能，所以廠房設備的折舊和利息，將會導致我們承擔巨額的虧損。當時年輕的我們大多沒有工廠經驗，又非常相信電腦的判斷是不會錯的，但心中仍然隱隱疑惑，如果不建新廠，又挑客戶、挑訂單，是否會影響長期的發展？

赤字接單，黑字出貨

二〇〇七年六月我離開德州儀器，加入台商鴻海集團，擔任集團副總裁兼事業群總經理，這才算是真正親自管理了生產製造的工廠。

在那之前，我早就聽聞鴻海有名的「赤字接單，黑字出貨」理論。所謂「赤字接單」的意思，就是以不賺錢的價格去接訂單；而「黑字出貨」則表示，最後在出貨的時候是賺錢的。在加入鴻海之前，以一般人對財務的了解，總認為價格是有行情的，如果能用賠錢的價格接訂單，但最後出貨時卻能賺錢，這豈不是像變魔術一樣嗎？

對於這一點，最直接的解釋就是「學習曲線」：在接到訂單以後，用很強的執行力，把工廠的生產效率和成品良率都做到非常高，再把成本壓得非常低，因此出貨的時候就賺錢了。可是，鴻海的競爭對手很多，也都不是省油的燈，鴻海做得到，難道競爭對手做不到嗎？

還有一種說法是，鴻海很會跟政府談判，拿到各種優惠政策和補貼。廠商為了追求低成本，包含人力、土地、廠房、稅賦，都成了政府招商引資的工具。可是大部分的優惠政策都是稅賦減免，如果不賺錢，哪來的稅賦可以減免？至於土地、廠房、運費等等的優惠或補貼，都是杯水車薪，影響也都有限。

又有一說：即使鴻海的整機組裝不賺錢，也可以靠機構件、外殼和關鍵零組件來獲利。因為鴻海是靠零件起家，後來才踏進整機組裝代工製造，這也是郭台銘獨創並十分引以為傲的「電子化—零元件、模組機光電垂直整合服務」（E-enabled Components, Modules, Moves & Services，下稱 eCMMS）＊生意模式。

可是，國際品牌大客戶多半不會只依靠單一供應商，手上一定保有兩三家零組件供應商，而且大多是經過客戶親自挑選、議價的，除非像大立光一樣擁有獨家的專利和技術，否則每家零組件供應商也都必須面對激烈競爭。況且，鴻海的主要競爭對手也都學會了鴻海的垂直整合，紛紛進行併購，或是建立自己的機構件和關鍵零組件產品線。

所以，以上三種說法未必就是「赤字接單，黑字出貨」的真正原因，那麼這個魔術到底是怎麼變的呢？

關鍵就在報價上

加入鴻海擔任事業群總經理，我脫掉西裝，換上工服，親自管理工廠。舉凡工管、生管、品管、經管、供應鏈、製程、研發、市場行銷等，都事必躬親，不假手他人。等我把損益、成本、費用、利潤等等都徹底搞清楚之後，才發現其實關鍵就在報價上。

三種成本

一般認為，當報價是負淨利的時候就會賠錢，就是赤字。事實上是這樣嗎？做生意的本質很簡單，收入減去成本就是利潤，用數學公式表示如下：

利潤＝營收－成本

從損益表來看，其實產品有三種不同的成本，而對應這三種成本，有三種不同的利潤。

＊**編注：**eCMMS經營模式，主要係提供國際3C產品領導廠商有關產品、模組及零組件之全球一站式（one-stop）整合服務，包含設計、垂直製造、銷售服務、配送服務與售後支援服務等。以上說明取自鴻海科技集團年報。

不論是製造業或是服務業，成本不外乎是「料工費」（材料、人工、費用）。但是仔細分拆之後，「料工費」又可以重組成不同的成本。根據會計原則，成本大致分為以下三類：

一、**變動成本（variable cost）：**變動成本包含了直接材料、直接人工、變動製造費用（變動製費）和損耗，這些都是與總產量成等比例增加的成本。變動製費包含消耗用品、水電費用等等。

二、**銷貨成本（cost of goods sold）：**銷貨成本就是變動成本加上固定製造費用（固定製費）。「固定製費」就是不隨著生產量增減而改變的固定成本，例如設備、廠房的折舊及租金等等。

三、**營運成本（cost of operation）：**營運成本就是銷貨成本加上管理、銷售、研發等，無法分攤到每一個單位產品的費用。

三種利潤

在損益表裡，三種利潤的定義如下：

- 邊際貢獻利潤＝營收－變動成本（邊際貢獻率＝邊際貢獻／營收）
- 毛利＝營收－銷貨成本（銷貨毛利率＝銷貨毛利／營收）
- 營業利潤＝營收－營運成本（營業利潤率＝營業利潤／營收）

許多公司的報價，都需要經過財務部門審核，當財務部門告訴產品事業部門「你們報的價格是會虧本賠錢的」，那麼產品事業部門應該要問清楚：所謂虧本，指的是哪一個成本？賠錢賠的是哪個利潤？

通常財務部門會根據他們的成本會計準則，堅持報價要有一定的毛利率，或是一定比率的淨利率，而不會注意到工廠產能的「稼動率」。

- 稼動率＝「實際工作時間」和「計畫工作時間」（負荷時間）的百分比。
- 計畫工作時間（負荷時間）＝實際工作時間＋計畫外停線時間。

當公司的競爭力下降、經濟不景氣導致需求降低，或是公司增擴新廠等因素，導致閒置產能增加的時候，固定製費占銷貨成本的比率就會大幅增加，也間接促使銷貨成本上升。因為產品的單位成本必須背負更多閒置產能的折舊與租金。這個時候，如果財務部門仍然堅持報價要有固定的毛利率或淨利率，就會導致產品的價格更沒有競爭力，宛如雪上加霜。

情境式的報價

無論任何時候，報價的邊際貢獻率都不能是零或負值，因為如果報價低於變動成本，那麼賣得越多就虧損越大，神仙來都沒有辦法挽救。

過去，有人用網路公司的生意模式做例子，例如中國大陸的滴滴打車或共享單車，都是提供免費或虧本的價格來爭取流量。但是別忘了，這個生意模式要嘛用的是「羊毛出在豬身上，狗埋單」的策略，最終還是要有人付錢，要不然就是像許多共享單車公司，錢燒光了，最終還是逃不過被併購的命運。

一、當產能稼動率低於五〇%時

這個時候應該要用邊際貢獻率來報價，而不是用毛利率或淨利率來報價。

這一點會依產業類別不同而有所變化：在高固定製費的產業，即使零毛利或負毛利報價，仍然比產能閒置要好，至少可以支付一部分固定製費。

透過有競爭力的報價，爭取更多的訂單、加速規模化，再透過種種手段降低變動成本、提高良率、降低損耗、提升效率、降低製費，經常可以扭虧為盈，翻轉情勢。

如果依然堅持報價要有固定的毛利率和淨利率，那麼價格就更加沒有競爭力，導致大幅的虧損，直到不可收拾的地步。

二、當產能稼動率在七五％左右時

這個時候雖然可以用低於公司的目標毛利率，甚至是零或負淨利來報價，以便爭取更多訂單、填飽產能，但是**必須是正毛利率，才不至於虧損。**

三、當產能滿載，或是不足時

若產能滿載，但是受限於無法即刻擴充產能或利用外包時，可以透過漲價或拉長交貨時間，來挑客戶、挑訂單。**這時應該以淨利率為考量，增加公司的獲利。**

損益兩平點

另外一種報價方式，就是看是否達到損益兩平點，以便改變報價策略。如果已經超過了全年的損益兩平點，那麼報價就可以往上調漲或往下調降，端看競爭的情勢而定。

那麼損益兩平點怎麼計算呢？首先要介紹「固定成本」的計算。

- 固定成本＝營運成本－變動成本＝固定製費＋營業費用（管銷研）
- 損益兩平營收＝固定成本／邊際貢獻率

固定成本對公司的意義，就是不管有沒有收入，不管營收是多少，這些成本和費用都是固定要支出的。但是，固定成本中的固定製費是不可控制的成本，而營業費用是比較可控制的支出。

由於固定成本必須用邊際貢獻金額來支付，所以從邊際貢獻率就可以推算出損益兩平的營收金額。

由單位變動成本和邊際貢獻率，可以推算出產品單價。再由損益兩平金額和產品單價，就可以推算出產能稼動率。

在上述的情境式報價中，當產能稼動率低於五〇％，因而必須用邊際貢獻率來報價時，就要注意邊際貢獻率不得過低，以免導致產能滿載才有辦法，甚至還無法損益兩平的情況。

在會計年度過程中，如果營收已經超過損益兩平點，也就是全年固定成本已經完全攤平或支付了，之後的報價就很彈性，可以視市場和競爭環境來決定報價方式。因為**過了損益兩平點之後，所有產品的邊際貢獻金額，都會直接成為利潤。**

如果經濟環境良好，需求大於供應，那麼報價就可以更加積極地提高，賺客戶的錢。如果經濟情勢不好，競爭激烈，供應大於需求，那麼報價也可以大膽地降低，以爭取市場占有率。這個時候，就要賺自己的錢，也就是透過降低成本、控制費用等等的手段，來增加公司的獲利。

結論

在本文一開始介紹的電腦模擬課程中，如果懂得運用這套報價策略來改變價格的話，那麼即使採用「擴建新廠，增加產能」的策略，仍然可以獲利，甚至可以建立長遠的競爭優勢。只是當時還年輕的我，並不懂得生產製造和財務報表，只能任由電腦決定我們的名次。如果換成是今天的我，甚至可以嘗試去改變電腦模擬的算法，讓它更加符合實務上的應用。

至於「赤字接單，黑字出貨」，並沒有什麼神奇的地方。所謂「赤字接單」，不過是用產能高負載時的毛利率和淨利率報價做標準。如果低於這些目標利率，就算是赤字報價，那麼出貨時變成黑字也就不足為奇了。所以在聽聞「赤字接單」時，應該要搞清楚的是，究竟用的是哪一種成本及相對應的利潤來定義「赤字」。

本文的一些概念，其實可以用在製造業和非製造業，只要用損益表來分析，任何產業都適用。

景氣好的時候賺客戶的錢，景氣不好的時候要想辦法賺自己的錢。但是，前提是要懂得「報價策略」才能賺錢。

最後，不管用什麼策略，不管你怎麼報價，在議價的時候，客戶總是要殺你的價。所以在掌握好報價策略之後，還要搭配好的談判技巧，才能達到企業獲利最大化的目標。關於談判技巧，請看我第一本書《創客創業導師程天縱的經營學》當中的〈有效的談判策略〉一文。

18 會議桌上的兩個字，道盡官商溝通的竅門

雖然每個國家的文化各有不同，但和政府打交道的方法和規則卻大同小異。那麼，就讓我們用象形文字的聯想，來談談「為官之道」和「為商之道」吧！

我在一九八八年離開台灣，開始海外派駐專業經理人的生涯。最早我的聘雇地（home country）是台灣，一九九二年換成美國，二〇〇七年又轉回台灣，直到二〇一二年中退休。前後總計長達二十五年，我過的是海外浪人似的生活，總共搬了六次家，沒有一個是自己擁有的，都是租的。許多有類似經歷的跨國專業經理人，都自嘲說我們是「國際公民」。

在這二十五年當中，我因為是個國際化的專業經理人，所到之處都要跟當地政府打交道，因為工作需要而拜訪過的各國總統，就有六位之多。雖然每個國家的文化各有不同，但和政府打交道的方法和規則卻大同小異。那麼，我就來談談「為官之道」和「為商之道」吧！中國文字起源於象形，非常有趣而且形象化。因此，就讓我用中國文字來談談這個題目。

官商溝通

就如同圖18-1所示，先寫個「官」字在左邊，再寫個「商」字在右邊，在官字兩個口的中間，水平畫一橫線，向右延伸到商字。這個圖文的象形意思，就是官和商坐在一個會議桌上溝通，這條橫線就是會議桌。

在橫線上方，官字有一個「口」，商字有一個「立」，也就是說，在公開場合的檯面上，商家只能立正站好，聽當官的說話。在橫線下方，也就是在不公開的檯面下，官商各有一個「口」，就可以開始溝通交流了。

為什麼官商之間有許多的密室協商，或是黑箱作業？就是因為有許多政府招商引資的優惠政策，必須要針對不同的企業量身訂製，這和雙方的談判籌碼和能力有關，不能變成一套通則。在檯面上，為商的要給為官的「面子」；檯面下，為官的要給為商的「裡子」。但如果做官的要以權謀私的話，就變成官商勾結了。

官和管

俗話說：「不怕官，只怕管。」又有一說：「閻王易見，小鬼難纏。」這裡說的「官」或

「閻王」，通常指的是政府的「高層領導」；至於「管」或「小鬼」，指的是政府的「主管機關」。其實，這用在大企業的組織架構上也說得通。

我的經驗是，級別越高的政府領導或企業高層，嘴巴就越鬆、越容易答應你的請求。但是，一旦到了主管機關或是執行部門的時候，各種各樣的理由、藉口和阻擾就出現了。即使有了高層的承諾，也往往辦不成事。其中當然有「公」的原因，也有「私」的原因。

因此，跟政府機關打交道，上上下下都必須打點，都必須擺平，別以為有了高層的雞毛當令箭，就可以暢行無阻。

在圖18-2中，我們把「管」和「商」兩個字寫在一起。這和圖18-1的「官商」有什麼不同呢？差別在於「管」字是手裡拿著一根竹棒的「官」，而這根竹棒就是用來修理你的。所以，碰到主管機關的承辦人，仍然是檯面上要聽他的，檯面下才能溝通，否則他就是上層當官的「打手」。

圖 18-1

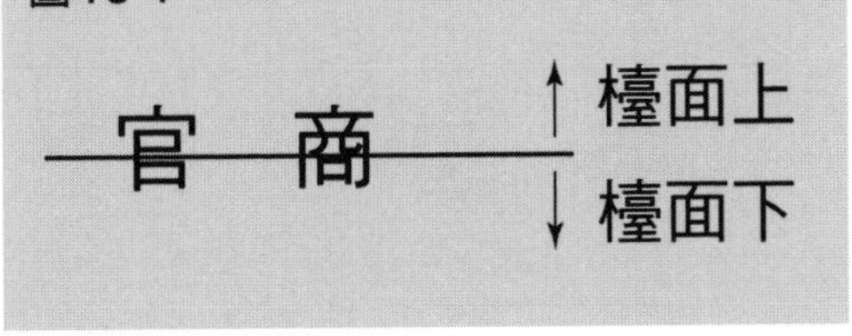

圖 18-2

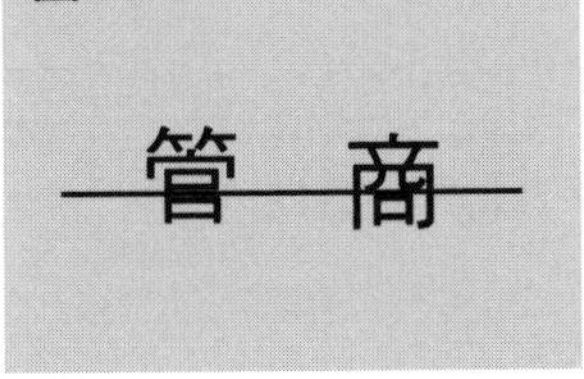

官和民，官和管

再看圖18-3：官和民坐在一起了。檯面上，「民」的口字比「官」的口字還要大，在網路時代的民主國家，尤其如此。在公開場合的檯面上，老百姓的聲音要比做官的大，這時做官的檯面下的一張嘴，說了也沒「人民」聽。

今天的「民意代表」有雙重身分：既代表了人民，另一方面也是個做官的。當他代表人民的時候，在檯面上聲音比做官的大，但是要解決問題的時候，就換上做官的身分，而且是一個「管」官的官。

在圖18-4中，「官」和「管」坐在一起了。這時候民意代表在檯面上講的話，官要是不聽，就拿竹棒來修理官，可是要解決問題的話，還是得靠檯面下的兩張嘴去溝通。

結論

這篇文章所說的情況並不針對任何一個國家，因為其實每個國家、

圖18-3

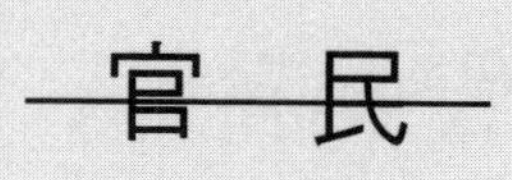

圖18-4

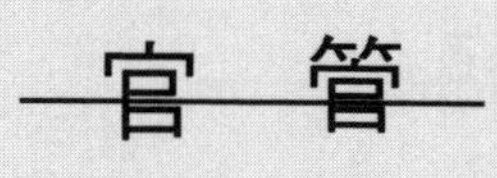

政府都大同小異。

當今，做官的有做官的難處：手中雖然握有權力與資源，同時也受到了各方的監督與制衡。君不見政府官員的流動率已經高於企業？何況許多人即使做到高官的位子，下台之後也不見得能夠善了。

經營企業的也越來越難了。策略、管理、價值觀與文化，方方面面都要做好之外，政府關係、投資者關係、員工關係、客戶關係、供應商關係等等也都不可輕忽。

這些關係搞不好的話，策略、管理、執行等等層面，都窒礙難行。跨國企業尤其複雜，不可不慎！

Chapter 2
策略規劃與制訂

19 策略規劃之一：明確定義市場區隔，是成功的第一步

我在第二本書《創客創業導師程天縱的管理力》的序言裡提到：「企業要想基業長青、永續經營，必須同時做好三件事，那就是：策略、管理、價值觀和文化。」這本書第一篇的重點是管理的技巧和細節，第二篇的重點是價值觀和企業文化，第三篇談的則是產業現今與未來的洞察力。

我在第一本書和第二本書中，都沒有花時間及篇幅去談企業最重要的基礎：策略和策略規劃。主要的原因，在於管理學院、MBA課程，以及坊間的管理書籍中，有太多內容在教導學生如何訂策略，如何做策略規劃。在這些資源中，都有紮實的理論基礎和學術模型，可以提供給學生參考應用，所以實在不需要我再狗尾續貂。

不過，我在過去四年多輔導了超過五百個創業團隊，也輔導過許多網路新創企業、傳統產業升級與轉型，再搭配我在跨國企業四十年的專業經理人經驗，我發覺許多理論和模型由於來源不同，很難整合成一套實用而且有效的方法。雖然有人試圖將這些各自獨立的理論模型整合

成一個系統，但卻又變得非常複雜，不適合新創企業或不同產業應用。光看到這些複雜的理論模型和系統，就讓人害怕，不敢也不知如何下手嘗試。

因此，我決定將我的實務經驗結合一些簡單理論，與大家分享。我這些簡單的做法，當然不足以取代許多名家大師的理論與模型，但可能特別適用於缺乏資源的新創企業，以及身陷紅海競爭中，力求一個簡單方法脫離困境，以便升級或轉型的傳產企業。

目標市場

由於科技的進步，傳統的做生意模式被冠上了許多新穎時髦的名詞，例如「工業4.0」、「互聯網＋」、「新零售」、「新物種」等等。但我覺得，**創業就是做生意，就是做買賣，就是要賺錢。企業的本質就是為目標市場的客戶與用戶創造價值、提供服務、換取報酬、賺取利潤。**

不管你的事業身處於產業鏈的哪個環節，最終的客戶和用戶都是人。如今這世界上有接近七十億人口，遍布五大洲，你要如何尋找自己的目標市場？誰是你的客戶？誰是你的用戶？因此，**定義目標市場（target market），是創業時要解決的首要問題。**創業者要找尋市場，離不開過去的人脈與經驗，離不開自己熟悉的產業與地區，因為在這裡，他有無形的資源和優勢。

但無論是任何企業和組織，資源都是有限的，尤其新創企業更是如此。用非常有限的資源，得到最大的回報，以賺取第一桶金，這就是新創企業的第一個目標。如果將資源比喻成有形的子彈，那麼新創企業就不能用散彈槍的打法，而必須用來福槍精確瞄準，打一槍就中一個的打法。

市場區隔

來福槍的打法，在管理學院課程裡就叫做「市場區隔」（market segmentation）。目的很簡單，就是利用各種變數作為切割的依據，將你的潛在市場切成許多小塊，然後挑一塊你認為勝算最大的，集中火力去攻擊。

在學校裡，大部分的學生都會選擇消費市場，然後以人口統計學的切割方法，例如年齡、性別、收入、職業、資產等變數來做市場區隔。但是這種模型不適合企業對企業（B2B）的型態，也沒有足夠的創意來跟上變化快速的高科技產業。

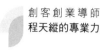

惠普電腦業務的例子

讓我來以一個親身經歷做例子。一九八〇年代中期，我擔任台灣惠普的業務經理，只帶領三個業務，負責將惠普的電腦系統加物料需求規劃（material requirement planning，下稱MRP，用來做原物料管理）方案，銷售給全台灣的電子業客戶。以台灣區電機電子工業同業公會（簡稱電電公會）的會員數而言，就超過五千家以上，以我的有限團隊和有限資源，我必須找出一個市場區隔來進行銷售，因為我們不可能把這五千家潛在顧客都走透透。

依照慣例，我應該以電子企業的年營收、員工人數、生產的產品類別來做市場區隔的切分，然後找出一塊目標市場全力進攻，才能得到最大的回報。但是我採取了一個非常異類的做法。當時的電子業公司，不管生產什麼產品，大部分都是電子裝配和組裝線，因此各家採購的資產設備都大同小異。

我準備了一個電子業公司必定會採購的設備清單，其中大約有三四十種設備，當然也包含MRP電腦系統。然後，我和手下的業務分頭拜訪了四五十家典型的電子企業，調查他們對於這些設備的優先採購次序。調查結果顯示，不管被調查對象的產品類別如何、規模大小如何，他們採購設備的優先次序竟然大同小異。原則上，生產線上要求高速度、高精度的生產設備列為優先採購，然後才會考慮到電腦管理系統。

有趣的是，有八成以上被調查的公司，都在採購完自動插件機和焊錫爐之後，接著就考慮購買MRP電腦系統來管理物料。於是，我把這個變數也加進了我定義的市場區隔裡，如此一來，我的策略就變得很清楚了。我只要找到台灣代理自動插件機和焊錫爐的公司，和他們達成合作協議，當他們前腳賣進了產品以後，我們後腳就跟進去推銷惠普的MRP電腦系統。於是，我利用了最少的資源，達到了最高的銷售額。

這只是以創意做市場區隔的一個例子。隨著高科技的進步，以及市場競爭越趨激烈，我們需要更有創意的市場區隔方法，才能在險中求勝。如果沒有對產業的深刻了解，光靠學校教的一些理論模型，是沒有辦法做到的。

目標顧客是否接觸得到？

在做市場區隔的時候，還有一個非常重要的因素，就是必須找到一個或多個通路和方法，以便接觸到目標市場中的客戶和用戶。**如果你很有創意地找出一個區隔作為目標市場，但卻找不到方法接觸（touch）這些散布在廣大市場裡的目標客戶，那麼這個市場區隔就是沒有用的。**

因為，你必須能接觸到目標市場的客戶和用戶，才能提高產品的知名度（awareness），並且增加產品相對於競爭者的優選度（preference），否則你的廣告行銷費用會非常高，轉換率非常低。這些狀況都會變成你在銷售成本及行銷效率上的劣勢。

客戶圖像

客戶和用戶的區別，在於客戶是「付錢購買你產品的人」，用戶則是「使用這些產品的人」。對於兒童產品的廠商而言，父母親是「客戶」，小孩子才是「用戶」。

在運用不同的變數做市場區隔切分時，還應該要順便做出客戶圖像（customer profile），以便找出接觸客戶的方法。如果已經有些客戶資料或數據，可以用逆向工程（reverse engineering）的方式，找出客戶的共同點，反推出客戶圖像。用比較時髦的術語來講，這就是所謂的大數據分析。

SWOT分析

我個人認為，不管是新創或成熟企業，策略規劃的第一步，一定是定義清楚「目標市場」和「市場區隔」。

在我輔導過的許多企業中，包含新創和中小企業，都很習慣使用SWOT〔四個英文字母分別表示優勢（strengh）、劣勢（weakness）、機會（opportunity）和威脅（threat）〕分析來訂定企業策略，可是幾乎所有企業都犯了同樣的毛病：

一、往往「優勢」和「劣勢」、「機會」和「威脅」都很相似，兩者之間分得不是很清楚。

二、最後訂定的策略，又似乎和SWOT分析毫無關聯。做SWOT分析彷彿只是應個卯，最後決定的策略，其實在他們心中早就有數了，所以兩者之間看不出關聯性。這就有點像先射箭，再畫靶，其有效性就可想而知了。

這兩個問題，就出在SWOT分析必須以一個對象做標的，而這個對象就是目標市場。S和W指的是自己團隊和企業的「核心能力」，針對目標市場所具有的優勢和劣勢；而O與T所指的，則是目標市場帶給我們企業的機會和威脅。在沒有好的市場區隔方法，因此目標市場沒有清楚界定的情況下，如何談SWOT分析？

需求、痛點、體驗

利用有效的市場區隔方法，來清楚定義目標市場，不僅僅是為了在這個區隔中求得最大的勝算，更重要的是，找出這個目標市場的客戶和用戶，然後深入挖掘出：

一、還沒有被滿足的共同需求；

二、還沒有被解決的共同痛點；
三、還沒有被提供的期待體驗。

這些觀念，我在第一本書的〈發明與創新：找對方向的三個原則〉一文中有非常詳細的解說，請參考這篇文章。

只要你能夠在目標市場裡找到需求、痛點、體驗，那麼你就可以開始定義你的產品或服務。這樣定義出來的產品，才能夠為目標市場的客戶與用戶創造價值，也為自己創造營收和獲利。

結論

要做一個好的策略規劃，第一步就是要利用對產業的深刻了解，找到市場區隔的最佳方式，以界定出目標市場。第二步則是要深入了解和挖掘尚未被滿足的需求、尚未被解決的痛點、尚未被提供的體驗，才能夠定義出目標市場需要的產品或服務。

如果沒有基於目標市場的需求，再好的策略規劃理論和模型都沒有用。我將在後面的文章中，介紹策略規劃的另外兩個重要關鍵：「核心能力」和「核心競爭力」。

20 策略規劃之二：目標市場和產品定位案例研究（一）

有許多創業團隊，都是因為沒有考慮到目標市場，分不清「客戶」和「用戶」，然後搞錯了公司定位、產品定位，甚至本身的核心能力，因而抱憾失敗。

臉書上的朋友邱先生在我的文章留言中問我，在我的經驗中，有沒有設定錯TA的例子？原因又是什麼？我假設他問的TA（target audience），就是上一篇文章中提到的「目標市場客戶和用戶」。於是我回答：「有非常多例子。**大部分的人都是沒有考慮到目標市場，分不清『客戶』和『用戶』，然後搞錯了公司定位和產品定位。**」

為了進一步說明，我特別再寫了兩篇文章，以兩個我輔導過的創業團隊作為例子跟大家分享，本文是第一篇。當然，基於商業機密，我就不提公司名字了。

餐廳免費提供「平板手機充電樁」

這個創業團隊的構想，是設計一個客製化的直立平板顯示器，並在平板底部增加三、四個USB手機充電插口，一旦有手機插上去充電，這個平板顯示器就會自動播放影音廣告。

構想是這樣的：將這套設備免費提供給某一地區的中小型餐廳，為他們安裝在餐桌上，在客人用餐時，可以免費為客人的手機充電，作為餐廳提供的加值服務。在客人享受免費手機充電服務的時候，則必須接受平板顯示器播放的影音廣告。

至於生意模式中的主要收入來源，則是來自於廣告主的廣告費用，如果餐廳想播放自己的廣告，也必須付費，如同其他廣告主一樣。

新創公司應採取「輕資產」策略

這樣的創業主題有許多值得深入了解和探討的地方。例如，因為平板充電樁是免費提供給餐廳的，所以投入的資產和資本額要相當大，而且庫存和資產都算在創業團隊帳上。這一點和我經常強調的重點相反。**我主張創業項目和團隊要保持「輕資產」，以降低失敗時的風險和損失。**

因為餐廳的營業時間通常不是很長，午餐和晚餐之間還要休息，所以這麼貴的資產但使用率並不高，這是另外一個要考慮的因素。

創業團隊剛開始的時候，通常不太可能有龐大的資金和人力來布局全國，所以多半是以地區性的服務來定位。因此，廣告主也必定是地區性的小商家，很難有全國性的大廣告主。

以上作為背景材料，先讓大家知道這樣一個創業主題。在團隊輔導的時候，我就反向問了團隊一些問題：

我：貴公司的產品是什麼？

答：客製化設計的平板充電樁，包含硬體、軟體，還有系統控制器。基本上每個餐廳需要一組。

我：目前團隊有多少人？在做什麼？

答：十五人，電路設計三人，軟體設計二人，機構設計二人，產品設計二人，業務二人，再加上人資、財務、行政、供應鏈和創始人共四人。

我：業務都在做什麼？

答：從深圳最繁華的南山區開始，拜訪中小型餐廳，展示產品功能，爭取加盟安裝平板充電樁，提供加值服務給他們的客戶。

我：你們的客戶是誰？

答：中小型餐廳，最理想的是四十個座位左右的餐廳，以每桌四到八人來看，會有五到十張桌子。

我：你們的用戶是誰？

答：到餐廳用餐的客人，使用我們提供的免費充電，順便看廣告。

是誰？是什麼？該怎麼做？

我們的談話就到此先告個段落。接下來我和他們的討論，重點在於他們的目標市場是什麼、客戶是誰、用戶是誰、有什麼樣的需求？最後，他們提供的產品是什麼？

其實，他們的「公司定位」應該是一家廣告公司；他們的「目標市場」是地區性的小商家廣告主，和地區性的廣告受眾。以一個新創團隊來說，走向垂直細分的地區性市場，避開全國性廣告公司的競爭，因而捨棄全國性的廣告主和傳播通路，是正確的。

所以分析下來，他們的：

- 產品：有創意的廣告通路和廣告內容；

- 客戶：地區性的小商家廣告主，因為他們會付錢給這個新創團隊，購買他們提供的廣告服務；
- 用戶：中小型餐廳業者，和到餐廳用餐、使用免費充電服務的客人。

「平板充電椅」是這個新創團隊有創意的高科技廣告通路和工具，但並不是「主要產品」。如果各位朋友同意我以上的看法，那麼就會發現，這個團隊的「核心能力」跟他們目標市場的需求不匹配，團隊成員的「專業」也不符合這樣一個創業項目。

回過頭來想一想，這樣一個目標區隔，是不是值得去追求的市場？

大區域與小區域策略

在網路時代，服務業開始被顛覆。而網路企業的最大特色，就是不區分客戶，致力追求流量和規模。廣告業是個標準的服務業，網路企業的主要收入來源也是廣告，為了維持規模和流量，他們競逐的都是全國性的廣告主。在這個領域創業的朋友們，除非你掌握有獨特的網路技術，以有別於現在的網路企業，否則還是要走垂直細分市場，縮小競爭服務的區域範圍。

地區性的小商家和小廣告業主，確實是一個可以探討的創業領域。他們的需求確實存在。

在大陸市區裡，仍然到處看得見人工派發廣告單、在路口舉牌子的人，以及登在計程車和公車上的廣告。如果能夠以高科技的硬體裝置，布置在線下通路，為地區性小商家廣告主，瞄準目標客群，達到比較高的轉換率，也可以創造出一片藍海。

餐廳提供免費充電的平板充電椅，只是通路之一，應該還有其他創新的通路和工具可供選擇。但這個團隊一開始就已經把目標市場、客戶、用戶、產品都定位錯了，因此自然和創業團隊的核心能力難以符合和發揮，再加上生意模式的其他種種問題，其失敗的命運也很難避免了。

21 策略規劃之三：目標市場和產品定位案例研究（二）

在前一篇中，我舉了某個團隊以提供餐廳免費「平板手機充電樁」創業，最後卻沒有成功的案例，說明沒有考慮到目標市場，分不清「客戶」和「用戶」所導致的定位問題。以下則是另外一個案例。

兒童機器人教育課程

這個創業團隊的創始人留學美國，拿到教育經濟博士學位。二〇一四年在美國創業，創始團隊成員都是留學美國，在教育和機器人領域擁有多年工作經驗的年輕人才，總部設在美國加州矽谷。

他們的目標市場，是中國大陸「K到12」國民教育階段*的STEM〔四個英文字母分別代表科學（science）、技術（technology）、工程（engineering）和數學（mathematics）〕體制外教育需求，透過他們自主研發的機器人硬體組件、學習課程，以及教師培訓體系，教導學生如何自己組裝製造機器人。透過組裝製造機器人，讓學生依照課程內容，依序學習機器人內部的知識，以對機械、電子、電腦軟硬體循序深入了解，從而加強STEM的基礎能力。

二〇一五年初，他們回到大陸，在北京、上海設立辦公室，開設自己的機器人學習中心。為了快速擴展據點，他們也招募經銷商，協助他們與體制外的專業教育機構和體制內的公民營學校結盟。

當時在中國大陸的機器人教育領域，已經有許多公司在提供產品和服務，其中大致可以分成兩類：一類是樂高（LEGO）式的產品和一些小型娛樂機器人，另外一類是開源硬體套件。所以，像這個創業團隊同時提供機器人組裝套件與相關配套教學課程內容的，還是比較少見。

他們主要的營收和利潤，來自於合作學校的分成，以及來自學生的學費和機器人硬體套件銷售。在剛開始打入市場的時候，硬體的銷售對象主要是合作的教育機構和學校。由於這是一個B2B（以企業為顧客）的模式，量不會太大，所以可以預期初期會陷入虧損。

＊編注：K指幼稚園（kindergarten），12則指十二年級，相當於我國教育體制的高三。「K到12」是從幼稚園到高三，在台灣即「國民及學前教育」的統稱。

如何解決初期營運問題？

團隊預約了我的輔導，他們提出的兩個問題是：

一、如何可以快速將機器人硬體套件銷售由B2B轉向B2C（以消費者為顧客），擴大銷售量，增加營收和獲利？

二、公司正在進行A輪融資，以便迅速擴大全國據點，形成規模。在這個過程當中，如何避免機器人硬體套件被競爭對手山寨？

以下就是我們在輔導過程中的對話：

我：你的競爭對手是誰？

答：可能的競爭對手包括樂高、Makeblock、優必選……和大批深圳的山寨公司。

我：你所列舉的這些競爭對手，包含了教育機器人、陪伴機器人、娛樂機器人等。你認為貴公司的主要產品是什麼？

答：機器人硬體套件為主，教學課程為輔。

我：你的目標市場是什麼？客戶？用戶？

答：中國大陸每年大約有四十到四十五萬的出國留學人員，其中一半都是到美國念大學或是研究所。美國大學都喜歡有機器人背景的學生，創新能力比較強。另外，父母都開始重視小孩的STEM教育，機器人教育是最能夠補強學校教育的途徑。

我：那麼客戶和用戶呢？（經過我解釋客戶和用戶的區別以後）

答：客戶就是父母，用戶就是小孩。

我：那麼從客戶的立場來看，你們的產品是什麼？

答：應該是STEM和機器人的教育課程。

我：貴公司的核心能力和核心競爭力是什麼？（我在下一篇文章會詳細定義和解釋這兩者）

答：核心能力應該是我們團隊對教育的專業程度、課程設計能力、學習教室的設計和學習中心的運營能力，以及對機器人軟硬體組件的設計、組裝和製造能力。我們的核心競爭力，應該是機器人硬體組件、學習課程、教師培訓體系、學習中心運營，四者的整體整合能力。

我：貴公司目前有多少人？

答：現在團隊有二十多個人，包括技術、培訓、運營、教室等等，希望透過A輪融資擴充到四十多個人。

我：機器人軟硬體組件開發設計的技術人員有幾位？包含電路、機構、ＩＤ、軟體等方面的設計開發人員。

答：全部加起來不到十個人。

我：你剛剛所提到的這些機器人競爭對手，公司規模都比你們大，他們擁有的設計開發團隊，人數也遠遠比你們還要多，你認為他們會山寨你的？還是你們應該去山寨他們的產品？

答：（不知如何回答）

我：讓我們跳出框框，來思考一下貴公司的定位問題。假設貴公司依據你們的核心能力，定位為一個加強你們目標市場ＳＴＥＭ的教育公司，那麼你們的產品就是系統化的「學習課程」。你們是以機器人軟硬體組件作為模型教具，讓學生透過機器人的設計和製造，學會相關ＳＴＥＭ的基礎教育。那麼你剛剛所舉例的那些競爭對手，其實都沒有完全相同的產品，不應該被你們定位為競爭對手。

你們需要透過機器人教具，結合你們的課程內容，才能形成一個完整的產品。即使你們完成了A輪融資，將團隊擴大為四十多人，增加的人可能大部分還是跟機器人設計開發無關。我不認為你們在機器人方面的設計開發，比那些專業機器人公司還要強。

以你們有限的機器人設計開發團隊，要跟上課程設計教具的需求，可能速度也跟不上。既然機器人的設計開發不是你們的競爭優勢，也不是你們的核心競爭力，你們可不可以考慮，把這些你所謂的競爭對手，變成你的供應商？或是在機器人軟硬體方面的合作夥伴？

結論

一、目標市場、客戶、用戶、需求、痛點都找到了，但是公司的「定位」錯誤，就會導致產品定位、團隊核心能力的建立、核心競爭力等等的錯誤方向。

二、所謂公司定位，就是在整個產業生態系統中，新創公司所選擇的位置。

三、「定位點」不同，就會影響自身在整個產業生態系統裡的上下游關係。有可能原本是供應商或合作夥伴，卻變成了競爭對手。

四、例如在技術方面申請到了專利，那麼你就可以選擇公司定位為「專利授權商」、「方案商」（又分為開放物料清單（open bill of material, open BOM）或是ＰＣＢＡ*兩種）、「模組供應

---

*編注：ＰＣＢＡ（printed circuit board assembly）意指組裝好或打好電子零件的印刷電路板。

商」、「原廠設計製造」（original design manufacturer，下稱ＯＤＭ）、「貼牌」、「白牌」或「自有品牌商」。

五、每一個不同的「公司定位」點，都有不同的資金需求、庫存、風險、生意模式、Ｂ２Ｂ或Ｂ２Ｃ、規模、核心能力、核心競爭力等等。

六、以上幾點，都屬於「企業策略規劃」的範圍。

22 策略規劃之四：創業團隊的「核心能力」和「核心競爭力」

創業就像十項運動競賽一樣，不僅要在拿手項目中奪得第一，不太擅長的項目也要保持在前幾名。將有限的資源聚焦，爭取到擅長項目的第一名，自然就會形成市場區隔，賺到生存下來的第一桶金。

創業最重要的兩個部分，一個就是目標市場，另外一個就是創業團隊。我在前面的文章〈明確定義市場區隔，是成功的第一步〉當中，講的是目標市場。在這篇文章，我要講的則是另一個重點：創業團隊。

我在一九九〇年代的時候，從聯想電腦創辦人柳傳志那邊學到「桶幫理論」。古時候的水桶，都是用一塊一塊的長木片，以鐵絲捆紮而成，而每一塊木片，就叫做「桶幫」。

桶幫理論

假設這個水桶就是一個團隊，每一片桶幫就是團隊的一個成員。而每個成員的能力，就由桶幫的長短來表示，而團隊的成就，就由水桶能夠裝多少水來衡量。

因此，一個團隊的成就有多大，不是由最有能力的團隊成員來決定的，就好像水桶能裝多少水，不是由最長的一片，而是由最短的一片桶幫來決定。因為水達到最短的桶幫高度時，就往外流出去了。西方世界有同樣的一句話：「鐵鏈的強度，是由最弱的一環來決定的。」（The strength of a chain is determined by the weakest ring.）

在中國大陸，經常把人的優點叫做「長板」，人的弱點叫做「短板」。這種叫法的起源，就是桶幫理論。

我在過去四年多之中，輔導超過五百個新創團隊，這段時間，我發現了一個道理：**就業要靠你的長板，創業要補你的短板。**

就業靠長板

世界上沒有完美無缺的超人，也沒有什麼都懂的完人。每個人的優點和缺點，就如同一個銅板的兩面，當缺點不見了以後，優點可能也不存在了。

離開學校找第一份工作，靠的就是你的「長板」。學歷雖然是「長板」的一部分，但它只是個敲門磚，幫助你敲開企業金字塔最底層的門。進去以後就得靠自己的能力，攀爬企業金字塔的樓梯。能力也是「長板」的一部分，隨著經驗的累積，你的「長板」會越來越長。

在一個大企業裡面服務，很少有大成就能靠一個人的力量完成，大部分的成果，都必須由一個或幾個團隊共同完成。這也就是為什麼許多人說，在大企業裡每個人就是一顆螺絲釘。因此，在大企業就業，要能夠出人頭地，升遷快速，靠的就是自己的「長板」。

創業補短板

當你決定創業時，你要非常清楚自己的「短板」是什麼，然後要找到對的創業團隊成員，來補上自己的「短板」。在創業初期，你要找的團隊成員，必須是「三個互補，一個共同」的人。三個互補指的是：

一、專業能夠和你互補；

二、帶來的資源能夠和你的互補；

三、個性能夠和你互補。

「一個共同」則指要有共同的價值觀。

初創階段，最重要的是「策略」，除了以上的條件之外，你找的人必須能夠獨當一面，不需要太多「管理」，更不要花時間在建立「價值觀和文化」上面。

我在這幾篇關於策略規劃的文章，已經闡述了目標市場、客戶、用戶、需求與痛點、創業機會與公司定位的重要性。作為一個創業者，至此應該很清楚地知道，創業團隊成員所需具備的專業知識和能力。如果能依照上述幾個重點去挑選並組成創業團隊，那麼這個創業團隊所具有的能力，就叫做「核心能力」。

核心能力

目標市場能夠提供給創業者的就是「商機」。商機來自尚未被滿足的需求、未被解決的痛點、未被提供的體驗。如果沒有找到商機，那麼創業就沒有意義。如果說，「在目標市場裡找到商機」是創業成功的第一步，那麼「組成一個具有正確核心能力的創業團隊」就是成功的第二步。

就如同在目標市場的用戶和客戶群裡，創業者要做詳細的調研，找出還沒有被滿足的共同需求、痛點，以及體驗，然後列成一個清單。創業團隊所有成員也需要坐下來討論「團隊的核心能力究竟是什麼」，然後一項一項地列出來，成為另外一個清單。將這兩個清單並列，一個代表市場商機，另外一個代表團隊能力。然後團隊必須很務實地討論，在這兩個清單之間找到最匹配的商機。

定義產品

創業團隊一旦成立，核心能力就決定了。但是，此時或許可以找出許多個目標市場商機，這時團隊必須要有市場導向，排列出「商機大小」與「競爭激烈程度」的優先次序，最理想的狀況，當然是商機大又沒有競爭對手。那麼下一個問題就是要問自己，團隊的能力和資源能否定義、設計、生產出產品或服務來抓住這個商機？這樣的做法，就是「市場導向」的創業模式。

可是在現實生活中，大部分的創業都是反其道而行。在我輔導過的創業團隊之中，幾乎全部是先有了一個產品的構想，然後回去找應用，接著再去找需求。最後，往往自己虛構了一些需求，就認為這個產品一定會大賣。在完全沒有考慮到目標市場、客戶、用戶在哪裡的情況下，自然找不到高效率的銷售通路，最後以失敗告終。

藍海商機

到底有沒有藍海商機存在呢？我在這裡必須再次強調目標市場和市場區隔的重要性。

如果創業者選擇的目標市場越大，那麼客戶和用戶的共通需求就越不容易找到。如果選擇的市場區隔越小，那麼需求、痛點、體驗就越明顯，越容易找到。而且由於市場區隔小，大企業競爭對手不會對這麼小的市場有興趣，創業者反而容易找到沒有競爭對手的市場區隔和藍海商機。

道理很簡單，但是創業者往往不是這麼想。通常他們擁有自己的夢想，希望能夠快速成為獨角獸*，對於這種垂直細分的小市場區隔，自然不會感到興趣。另外一種情況是，創業者往往會以目前市場上的成功產品為範本，產生一些小創意、小改善，做出一些小疊代，然後在資源有限，又沒有強大品牌與通路的狀況下，貿然挑戰市場上的強大競爭對手。結果是跳入紅海裡而不自知，自然勝算有限。

紅海裡找藍海：核心競爭力

我一再提醒新創團隊的一句話就是：**創業的第一個目標，就是要賺第一桶金，先求生存下**

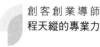

來。要達到這第一個目標，只有一個策略，就是聚焦（focus）。不要貿然以有限的兵力，去強攻已經占據山頭的強大品牌競爭對手。以創新的市場區隔方法，尋找垂直細分市場，不強攻山頭，退而尋找一個一畝三分地的藍海，先求賺第一桶金生存下來。

如果你不幸跳入了紅海大市場，那麼對一個新創企業來講，另外一個聚焦策略，就是鞏固「核心能力」，建立「核心競爭力」。「核心能力」就是創業團隊成員帶進團隊的資源和能力；而「核心競爭力」所指的，則是將團隊的核心能力用於強化自己產品的「購買考慮因素」（buying factors），建立起領先競爭對手的優勢。

建立「購買考慮因素」

什麼叫做「購買考慮因素」？當消費者在購買一個產品的時候，通常他會考慮到性能、價格、服務、方便、可靠性、保固期、維修、培訓、付款方式、交貨期、彈性、個性化等等，這些還可以一直列下去。

舉例子說吧！在過去網路沒有出現以前，人和人之間的通信通常都是透過遍布各地的郵

＊編注：獨角獸指未上市、估值超過十億美元的新創公司。

局。即使今天網路無所不在，實體的貨物或是正本文件仍然無法透過網路來寄送。在寄送實體物件時，考慮的因素通常是郵費價格、時間的快慢、距離的遠近、物體的大小和重量、遺失的可能性等等。在過去只有郵局提供寄送服務的時候，由於是壟斷性的服務，客戶一般沒有什麼選擇，郵局就是以價格來區分。

當郵寄服務開放民營以後，就有新創郵寄服務公司出現，他們認為價格並不是客戶唯一的考量。對某一部分客戶，特別是企業客戶而言，使命必達、速度、安全、彈性等因素比價格更加重要。於是DHL、聯邦快遞（FedEx）、順豐等服務商紛紛崛起，取代了傳統郵局的市場地位，顛覆了整個產業，創新創造了「快遞」、「物流」、「宅配」，甚至目前流行於中國大陸的各種餐廳美食外賣服務。

再舉一個餐廳的例子：當我們在考慮外出用餐時，我們會考慮價格、口味、服務、裝潢、情調、交通、停車方便性、品牌、口碑等等。就以著名的中國大陸火鍋品牌「海底撈」來說，他們在眾多的購買考慮因素裡，挑選了服務和彈性作為他們的核心競爭力，結果取得了重大的成功。

以上所舉的兩個例子，不管是實體產品還是服務，都是瞄準大眾市場，產品本身並沒有很大的差異。在消費者購買產品的時候，所考慮的購買因素雖然大致相同，但是在不同人的心目中，優先排列次序就會自然形成區隔——有的人在乎價格，有的在乎可靠性，有的在乎服務，自然會形成一個購買考慮因素的市場區隔。

所以說，**在紅海市場裡面，透過選擇不同的購買考慮因素，建立差異，再憑著差異遙遙領先其他競爭對手，找到自己的小藍海，這就是所謂的「核心競爭力」。**

奧運的十項全能運動

如果新創公司只能以聚焦策略找到自己的小藍海，賺取第一桶金，達到生存的目的，那麼接下來呢？是否永遠都不會成為獨角獸？那麼創業的夢想在哪裡呢？對於這樣的問題，我不敢說新創公司生存下來就一定會變成獨角獸，我也不敢說新創公司就毫無機會，我給新創公司的策略就是：**務實生存，以小搏大，成就未來。**

新創公司的優勢在於沒有包袱，一切都是從頭開始；它的劣勢則在於資源有限，除了夢想，什麼都沒有。

我很喜歡以奧運裡的十項全能運動做例子。十項全能運動就像一個創業者的目標市場，創業者就是參加比賽的選手。這十項不同的運動，就如同消費者的十個購買參考因素。

從過去的歷史來看，沒有一個選手能夠在十種不同的運動都拿到第一名。能夠奪牌的選手，一定要在某幾項運動裡面拿到第一名，才能夠累積足夠的分數，競逐最後的獎牌。在拿手的這幾項運動裡，不但要奪得第一名，而且差距要盡量拉大，才能得到更高的積分。但是在其他不太擅長的運動裡，也要盡量保持在前幾名，差距不能夠太大，否則累積的積分就不足以爭取獎牌。

新創公司要將有限的資源聚焦在某一項運動上，爭取成為這項運動的第一名，自然就會形成購買因素的市場區隔，建立起自己的競爭優勢和領先地位。如果做得到這一點，賺第一桶金生存下來並不是那麼困難。此外，在其他幾項運動中，也千萬不要浪費自己寶貴而有限的資源，必須懂得選擇供應商和合作夥伴，利用別人的資源來補強自己的劣勢。懂得建立自己核心競爭力的新創公司，如果能利用聰明的策略因勢利導，何嘗沒有奪牌的機會？

創業失敗的公司，往往是將有限的資源分布在十項運動上，什麼都要自己做，什麼都做不好，品牌不如競爭對手，產品沒有特色，最後只能靠價格戰，結果把自己拖垮。

總結

一、創業最重要的兩個部分，一個是目標市場，另外一個是創業團隊。

二、目標市場裡的用戶和客戶，一定會有未被滿足的需求、痛點、體驗，這就是創業公司的商機。

三、就業要靠長板，創業要補短板。創業團隊成員要能夠「三互補一共同」，形成創業公司的「核心能力」。

四、在商機和核心能力之間找到最好的匹配，才能夠定義產品，才能夠為目標市場創造價值。

五、為了達到「賺取第一桶金，存活下來」的第一個創業目標，新創公司必須採取「聚焦策略」尋找自己的藍海。

六、在紅海裡找尋藍海的辦法，就是找出消費者的十項運動，然後將有限的資源聚焦在一項運動上，爭取第一，擴大領先，建立起自己的「核心競爭力」。

七、必須懂得利用供應商和合作夥伴的資源，保證其他九項運動維持在領先群裡，不能夠差距太大，這樣才有爭取獎牌的機會。

八、「核心能力」是針對自己的創業團隊所擁有的；「核心競爭力」是依照客戶的購買考慮因素，與競爭對手比較，能夠大幅領先並且勝出的。

23 策略規劃之五：能力與變現
——企業生存與升級的關鍵

公司要永續經營，商業模式就不能一成不變。但要執行商業模式創新，除了有構想，還必須平衡「守成」、「除舊」、「開創」這三股力量。因此，有遠見的執行長，必須做到三件事：管理現在、選擇性地忘記過去、創造未來。

——《哈佛商業評論》

科技在變，產業在變，消費者的喜好也在改變。猶記得我年輕的時候，市場行銷專家們都異口同聲地說，只要產品買回家，需要消費者動用超過三個螺絲釘的，一定賣不好。有的產品需要消費者改變使用習慣，更加不被看好。

而今天呢？沒有導航就不會開車，沒有簡報軟體就不會演講，沒有卡拉OK就不會唱歌。這些現象徹底改變了我的看法，也令我對高科技快速改變人類生活習慣的能耐讚嘆不已。

在網路，甚至行動網路時代長大，又具有購買力的新一代消費者，被稱為「突破地緣和群體限制的消費者」（post demographic consumers）。他們追求時尚，打扮趨向中性，要求個人化的產品。過去諸如高貴不貴、價美物廉、顧客至上之類的行銷重點，已經無法打動他們的心。傳統的地緣和群體市場區隔模型，也漸漸不適用了。企業需要從生活方式、態度、行為等方面，去了解新一代的消費者。**產品必須讓他們感受得到，每個人都是獨一無二的。**

在科技和消費者的雙重改變下，許多產業被顛覆了。不論是B2C或B2B，目標市場的需求、痛點、體驗都起了巨大變化，原本企業賴以成功的產品，已經無法滿足新的目標市場需求。但是大多數企業在創業成功生存下來，或是成長茁壯成為大公司之後，對目標市場需求的改變，以及競爭態勢的變化，都逐漸失去了感覺。就像在溫水裡被煮的青蛙，等到一覺醒來的時候，市場已經是一片紅海，自己的企業也已經奄奄一息。

升級和轉型

過去四年之中，我輔導過不少傳產企業，他們的處境都非常相似：往日美好的時光不再，今天落入營收衰退、低毛利、虧損的境地。毫無例外地，每個公司都在尋求「升級」和「轉型」的方法。「升級」就是維持原來的目標市場和生意模式，尋求更高「附加價值」的產品或服務；「轉型」則是尋找新的目標市場、新的產業、新的生意模式、新的產品。**其實，「升級」**

和「轉型」都應該在企業日常營運中進行，不應該是等到企業陷入困境時才採取的手段。

培養新能力

前面四篇文章談到了目標市場和創業團隊兩個關鍵主體，一旦企業經過了創業階段，進入成長期、成熟期，「創業團隊」就變成了「經營團隊」。透過目標市場的「需求」和經營團隊的「能力」，才能夠定義企業賴以生存的「產品」。

基本上，經營團隊決定了企業的能力，而企業的能力又分三個層次：

一、基本能力；
二、核心能力；
三、核心競爭力。

麥可．波特（Michael Porter）在第二本書《競爭優勢》（*Competitive Advantage*）中提到，企業有兩種活動：主流活動（primary activities）和支援活動（supportive activities）。主流活動就是企業產品的創造、製造、銷售和服務，支援活動指的則是行政、財務、法務、人資、ＩＴ等工作。進行支援活動就是「基本能力」，而進行主流活動則是「核心能力」，請參考我上一篇文章中對於「核心能力」和「核心競爭力」的說明。

由於科技和消費者的雙重改變，導致企業目標市場的需求也在改變。經營團隊在執行長（CEO）的領導之下，必須對這些改變加以關注，並且隨時掌握目標市場需求的改變，以及產業趨勢的長期變化，然後回頭檢視企業的三種能力，是否有缺少的，或是需要調整的，以便因應目標市場的長短期變化。如果有缺少的能力，那麼就要有計畫地補足，可以是內部培養，也可以透過併購取得。然而無論是哪一種方式，都是需要花錢投資的。

策略規劃應該是一個永不停止的循環流程。經營團隊必須要在這個過程當中檢視市場變化、培養規劃能力、調整產品、創造更大的價值，追求有利潤的成長（profitable growth）。

執行長的三個盒子

維傑．高文達拉簡（Vijay Govindarajan）和克里斯．特林柏（Chris Trimble）兩位教授，於二〇一一年一月一日在《哈佛商業評論》（*Harvard Business Review*）發表了〈執行長的開創執行力〉（The CEO's Role in Business Model Reinvention）一文，在文章一開始就提到：

公司要永續經營，商業模式就不能一成不變。但要執行商業模式創新，除了有構想，還必須平衡「守成」、「除舊」、「開創」這三股力量。因此，有遠見的執行長，必須做到三件事：管理現在、選擇性地忘記過去、創造未來。

我很喜歡這篇文章提到的三個盒子，分別代表守成、除舊、開創三個維度。但是，文章把主題限制在「商業模式創新」，以符合當今企管的流行語。而且文章偏重在理論架構，雖然舉了一些實例，但是很難讓企業的執行長應用在他們各自的實務上。

讀者可以試試我這系列文章中介紹的策略規劃循環流程：先在目標市場中找到需求的變化，然後檢視經營團隊和企業的能力。當這兩份清單之中有彼此不匹配的地方，就要找出需要培養的新能力，並且做出計畫，或許從內部培養，或許從外部併購，以補足缺少的能力，然後把它放在第三個盒子「開創」裡。

新能力的變現

「守成」和「除舊」兩個盒子，可以產生現金；第三個盒子「開創」，則是消耗現金。因此，當企業在花錢培養新能力之前，一定要有變現的計畫，以便有健康的現金流來支持，並且培養「能力」和「變現」的封閉循環（close loop）。

請參考我在第二本書《創客創業導師程天縱的管理力》上的文章〈偷雞也要蝕把米〉當中提到的三個問題：

一、「雞」在哪裡？我要很詳細地知道後續的「機會」在哪裡？後續的「機會」有多大（量化）？

二、雞要怎麼「偷」？我要詳細的「偷雞」步驟和行動方案。

三、除了這次的降價之外，我們究竟還要「蝕」多少米？我要知道在後續「偷雞」行動過程中，還有多少米要「蝕」下去（投資多少金額）？

回答這三個問題，再加上投資報酬分析，就是一個很好的變現計畫。

結論

一、策略規劃是一個永不停止的循環流程，有遠見的執行長應該帶著經營團隊，定下週期性的時間表做策略規劃。

二、週期性地檢視目標市場需求變化，並發現因應變化而出現的企業能力不足。做出培養新能力的計畫，放在第三個盒子裡。

三、執行長必須保持三個盒子的平衡。如果只專注在第一個盒子「守成」，忽略了第二個盒子「除舊」和第三個盒子「布新」，最終會導致巨大的虧損，甚至企業的滅亡。

四、新能力的培養需要時間和資源，必須及早規劃。

五、企業的永續經營，就是一個培養新能力和變現的封閉循環。

24 策略與執行，孰重孰輕？

許多原本不被看好的策略，因為強大的執行力，等風口到來以後，就變成了洞燭機先、人人讚賞的完美策略了。很多策略都是結果論，成王敗寇，誰敢說錯？同樣地，再好的策略，如果執行得一塌糊塗，到處出問題，結果往往就無法達成策略目標。

二〇一八年三月十五日下午，我受邀參加「商周CEO學院」擔任主題講師。三十六位學員當中，有三分之一是創業家，一半是創二代，其他則是經理人，是個有趣的組合。在我演講結束之後的時間，是與《商業周刊》王文靜執行長的座談，接下來的是學員提問與回答，問題都反映了提問學員的身分。對我來講也是一次難得的經驗。

有位身為創二代的學員提出了這樣一個問題：「**在公司學習接班的過程中，我做了一個錯誤的決策，導致公司虧損。公司許多老臣也對我很有意見。我該怎麼處理？**」我並沒有直接回答，反而拋給學員們一個問題：

一個很好的策略，卻執行得很糟糕；另外一個沒有那麼好的策略，卻執行得非常好。如果只能選一種，你們會選哪一個？

成於一，敗於二三

我在當兵的時候，我們的連長是個大陸來的大老粗，沒有受過什麼教育就當兵了。他經常在連隊訓話的時候，提到「成於一，敗於二三」，意思就是「對於上級的指令或任務，團結一條心就會成功，三心兩意就會失敗」。

有一天我終於忍不住了，私下請教連長，如果上級的指令是錯誤的，我們是不是也是「成於一，敗於二三」地去執行？連長回答說：**如果指令是錯的，全連一起錯，就對了。**

當時我對連長的回答並不以為然，但經過這麼多年在職場的歷練以後，我不禁要深深佩服連長的智慧。

「策略」就是針對達成「目標」的各種「途徑」所做的「選擇」。途徑的尋找，都基於許多假設，在行進的途中，還會遇到各種外在環境的變化，改變了當初的假設。途徑或許有長有短，或許有起有落，在不同人的主觀上，或許覺得有好有壞，但都是向著目標前進。所以，如何克服在行進途中的變化與困難，才是決定能否達到目標的關鍵。

途徑或路線一旦決定，就沒有從頭再來過一遍的選擇和機會，如果整個團隊都有著「過河卒子只能向前」的決心，那麼再大的困難都可以克服，總有到達目的地的一天。

因此，我反問學員們：

如果沒有達成策略目標，導致公司虧損，是「策略錯誤」的可能性比較大，還是「執行不好導致失敗」的可能性比較大？

如果公司的山頭或老臣們不想讓你成功，他們有的是辦法，這就是所謂「上有政策，下有對策」的由來。與其下結論說是自己的策略錯誤，一肩承擔起責任，不如仔細想想，是否執行上出了問題？如果是執行上的問題，那或許不是自己的「策略力」出了問題，而是自己的「領導力」和「管理力」出了問題。如果不追根究柢，找出問題的根源，就有可能開錯藥方。

執行力的重要

有史以來培育最多《財星》（*Fortune*）五百大企業執行長的奇異（GE）公司前總裁傑克．威爾許（Jack Welch），在他的「4E領導學」中提到，傑出的領導人都擁有的四大特質：

一、活力（energy）；
二、激勵（energize）；
三、決斷（edge）；
四、執行（execute）。

我們可以看到「執行力」也赫然位列其中，可見其重要性也受到威爾許的極力強調。

鴻海在透過成立群創公司進入面板產業時，幾乎沒有人看好，當時我也反對。但郭台銘就是有本事把群創做大，併了統寶，再併奇美，現在連夏普（Sharp）都拿下了。在二〇〇〇年網路泡沫化發生的時候，連德州儀器和思科（Cisco）等跨國企業都受到重創，當時我認為鴻海到了轉折點，應該會面臨巨大衰退。但郭台銘居然可以領導鴻海逆勢上揚，使得這段「高科技經濟大衰退」的時期，竟然成為鴻海有史以來成長最快的一段時間，跌破了一大堆投資人的眼鏡。

以執行力扭轉乾坤

許多原本不被看好的策略，因為強大的執行力，等風口到來以後，就變成了洞燭機先、人人讚賞的完美策略了。很多策略都是結果論，成王敗寇，誰敢說錯？同樣地，再好的策略，如果執行得一塌糊塗，到處出問題，結果往往就無法達成策略目標。

「敗軍之將，不可言勇」，你說這是策略的問題，還是執行的問題？

25 策略制訂之一：制訂優勢競爭策略的五大步驟

商學院MBA的課程，或是坊間有關企業策略的管理書籍裡，都會探討各種方法與模型，來協助經理人分析和制訂策略，但鮮少提到訂定策略前的準備工作，以及之後的實施重點。在接下來的六篇文章，將針對制訂策略、取得競爭優勢所必須的步驟，為讀者深入解說。

我在以「企業致勝」為主題的演講裡，曾經提到過「策略五步驟」的概念，在前一篇文章裡也提到，許多很好的策略，由於無法克服執行過程的種種問題，最終導致失敗。一旦失敗，事後檢討時往往怪罪於策略，而忽略了執行力才是真正的罪魁禍首。

那麼，在真實案例裡面，有沒有可能是因為「錯誤的策略」而失敗的呢？如果有的話，為什麼使用了經過管理大師指導、人人奉為圭臬的方法和模型，制訂出來的策略還會是錯誤的呢？

根據數十年的實務經驗，我發現策略的偏差和錯誤，都是事前的兩個準備步驟沒有做好所造成的。如果策略沒有問題，在策略制訂之後、執行之前，還必須採取兩個步驟，才能確保執行的順利與成功。

建立具有競爭優勢的策略五步驟

一、Stand：高度與視野（視）；
二、Situation：審時度勢（勢）；
三、Strategy：訂目標，做選擇（實施）；
四、Structure：組織架構（師）；
五、Swear：溝通與承諾（誓）。

為了方便讀者記憶，我選用了五個「S」開頭的英文字，來代表這五個步驟。另外也效法〈施氏嗜獅，誓食十獅〉一文，用同音字來解釋「策略制訂」之前兩步驟和之後兩步驟，以便於讀者記憶。

這五步驟依序為：視、勢、實施、師、誓。「視」即視野高度；「勢」即產業趨勢；「師」即組織架構；「誓」即溝通取得共識。

民國初期，大陸軍閥割據，蔣介石在動員勘亂之前，先舉行了「北伐誓師大會」。所謂

「誓師」兩字，就是在大軍面前做出溝通與承諾。而我用「實施」代表「策略制訂」來提醒讀者，所有的策略都必須具有可行、可實施的行動計畫。

第一步「Stand」：高度與視野（視）

Stand就是策略制訂時的立足點，代表了策略的高度和包含的範圍。高度確實會影響到策略，因此在策略制訂之前，一定要為策略的「高度」和「範圍」做個定義。

以目標市場來講，是全球範圍、亞洲地區、華人市場、大陸加台灣，或是僅限於台灣？以產業覆蓋的範圍來講，是包含了整個文創產業、娛樂產業、影視、網路音樂視頻、網紅直播，或只是現場展演？還有許多其他的策略面向和維度，都應該仔細定義清楚，策略才不會走錯了方向。

立足點高度的不同，確實會改變許多決定。我們常常說，屬下要站在老闆的高度思考問題，才能做出更好的決定。

一九八八年八月，我由台灣惠普派駐香港擔任惠普亞洲區市場部經理。在負責組建的市場部門之中，有一個叫做「業務發展」（field development，下稱FD），負責整個亞洲業務團隊的訓練與發展，部門成立之後的第一項重要工程，就是開辦惠普亞洲區的銷售學校（HP Asia Sales School）。

惠普在亞洲各個國家和地區新招聘的銷售人員，都統一送到這個銷售學校，接受一個星期的銷售培訓。課程每半年舉辦一次，地點在各國之間輪流舉辦，學員人數在五十人左右。內容規劃涵蓋了理論和實務，講師都由各國的資深業務經理來擔任。這個創新的做法，除了提供正規化的各種銷售技能培訓之外，也加強了各國銷售人員之間的認識與合作。當時正逢全球化風潮的興起，許多亞洲跨國企業如雨後春筍般冒了出來。這個銷售學校培訓出來的各國銷售人員，在培訓階段建立起了革命感情，所以在亞洲各國之間為同一客戶提供無縫服務，也產生了很大的作用。

舉辦過兩期之後，這個銷售學校得到了各國惠普一致的好評，也收到了許多改進建議。有一天，ＦＤ部門經理來到我的辦公室，找我討論課程改進的問題。

在銷售過程中，業務人員必須要給客戶提供一個正式的提案（proposal），其中包含客戶的需求、痛點，以及惠普的解決方案、投資報酬率（return on investment, ROI）、時間等等。我們的課程當中，包含了所有製作提案所需的方法和技巧。在財務分析和投資報酬率的計算方面，我們教導學員如何使用惠普最有名的HP12C財務計算器（financial calculator），來計算投資報酬率、內部報酬率（internal rate of return, IRR）、資金的時間價值（time value of money）等等數據。

於是我的ＦＤ經理強烈建議，我們應該要在結業時，發給每個學員一個HP12C計算器。惠普的這個計算器是為專業人士設計的，尤其是在金融、銀行、財務單位廣受歡迎。由於價格不菲，許多業務人員難以負擔數百美元一個的惠普計算器，只好轉而購買比較便宜的卡西歐（Casio）計算器。由於惠普計算器是我們在課程裡教導學員使用的工具，而且他們回到工作崗位之後，也是使用在公務上，所以如果使用日本的計算器，畢竟也是惠普的競爭對手產品，多少有損公司形象。因此，建議在結業時免費提供惠普計算器給學員們使用。即使每人一個，總共費用也不過兩三萬美元，亞洲惠普的預算還負擔得起。但如果真的實現，無論對於激勵業務人員的士氣，或是維護公司的形象，都有很大的幫助。

這些理由乍聽之下非常有道理。但是，我反問他：

> 由於我們的銷售學校辦得非常成功，惠普亞洲各國的老銷售人員已經頗有微詞。由於他們來得早，沒有機會參加這個銷售學校，新來的人員反而能夠享受到更好的培訓。
>
> 整個惠普亞洲的銷售人員少說也有五百人，我們如果只給銷售學校的學員配備一個計算器，那麼這些沒有參加的老銷售人員，我們是否也應該都給他們配備一個？

當時惠普的客戶團隊號稱「三位一體」：除了銷售人員之外，還有軟體工程師和維修工程師。由於銷售人員的技術程度普遍不如軟體和維修工程師，所以許多提案都是由軟體工程師操刀撰寫的。因此，我再追問：

就算我們給所有銷售人員都配備計算器，那麼軟體工程師是不是也應該配備？如果軟體工程師也配備的話，那麼維修工程師作為三位一體客戶團隊的重要成員，是否也應該配備？為了公平起見，我們為每一位都配備，總共人數應該在一千人以上。那麼另外一個問題又來了：各國惠普的財務部門，才是真正天天都需要使用計算器的，既然他們也用在公務上，那麼是不是也應該為他們每個人配備一台？

姑且不論滿足每個人需求所產生的巨大預算，在這種人人有獎的情況下，對於銷售人員能產生多大的激勵作用？

這個討論的結果，相信大家都可以猜到了：我的ＦＤ部門經理搖搖頭摸摸鼻子，就打消了這個念頭。

站在ＦＤ部門經理的立場和高度，他提的建議非常有道理，因為他的職務就是要把新招聘的銷售人員訓練好。但是站在我的高度，我必須考慮到所有惠普亞洲國家機構和各個功能部門，除了激勵士氣、提高形象之外，我還要考慮到公平的問題，避免攀比的現象發生。

「不在其位，不謀其政」這句話是有道理的。一般人都認為，「不在其位」就沒有那個位置的權力與資源，所以「不謀其政」。但我認為，主要的原因在於「不在其位」就沒有那個位置的高度和視野，**看不到事情的全貌，自然就沒有「謀其政」的能力。**

第二步「Situation」：審時度勢（勢）

對於策略的制訂，「勢」有著關鍵性的作用。勢又分為內與外兩種：內部的勢，指的是團隊的核心能力、競爭優勢、核心競爭力；外部的勢，指的是趨勢。根據「外部」的範圍定義，又可以是科技的趨勢、產業的趨勢、政府施政的趨勢、國際的趨勢，甚至小到企業內部的趨勢。

內部的「勢」

二〇一〇年十月底，我參與鴻海「墜樓事件」的危機處理已經接近尾聲。郭總裁充分發揮我救火隊的功能，賦予我一項新的任務：擔任香港上市公司富智康（ＦＩＨ）的營運長，負責整頓運營，扭虧為盈。整個變革的過程，我都詳細地寫在我第一本書《創客創業導師程天縱的經營學》的〈新創企業的成敗關鍵——組織篇〉這篇文章中。

就在我的新職務宣布之後，還沒走馬上任，馬上就有富智康的「老臣」登門拜訪。

成立於二〇〇〇年的富智康，當時在鴻海內部叫做「無線事業群」（Wireless Business Group, WLBG），它是鴻海跨出ＩＴ產業、進入手機產業的第一步，因此有眾多鴻海老臣在此開疆闢土，立下戰功。富智康內部山頭林立，各自擁兵自重。縱然有名義上的組織架構，但是誰也不服誰，每個老臣都自認為自己的直接老闆就是郭台銘，組織圖只是參考用的。

這位登門拜訪的老臣，坐定後的第一句話就是：「程副總裁，聽說總裁指派你來『救』我們。今天想要來跟副總裁請教，你準備用什麼策略來『救』？」這個口氣在台灣叫做「嗆聲」，在大陸叫做「叫板」，肯定是來者不善，善者不來。

我這個集團副總裁的名號，只能唬唬集團外部不了解的人，對於內部的山頭來講，只是個「紙老虎頭銜」，隨時都可以被老闆拔掉。於是我不敢怠慢，立刻奉茶，並且恭敬回應：「副總，你應該是集團成立無線事業群時就加入的，最早的元老之一吧？」老臣：「沒錯，從無線事業群成立就一路打天下，富智康在香港上市之後直到今天，大小事情我都非常清楚。」我：「那麼我請教副總，富智康的核心競爭力是什麼？」老臣當場傻眼，反問：「核心競爭力是什麼意思？」

於是我為這位老臣好好上了一課「核心能力」、「核心競爭力」和「競爭優勢」。詳細的介紹請參考前文〈策略規劃之四：創業團隊的「核心能力」和「核心競爭力」〉。

富智康過去的成功，必定是因為富智康的核心能力比競爭對手更強大，更能夠滿足客戶的需求，解決客戶的痛點。富智康今天的衰退，只有兩個可能性：

第一個可能性，客戶的需求和痛點沒有改變，但是競爭對手的能力增強了。在富智康核心能力沒有進步的情況下，富智康的核心能力不再是核心競爭力，因此喪失了競爭優勢，只能靠價格競爭。

第二個可能性，是客戶的需求和痛點隨著時間而改變了，可是富智康的核心能力並沒有隨之改變，所以滿足不了客戶的新需求，解決不了客戶的新痛點。

如果富智康競爭對手的核心能力可以滿足客戶的話，那麼富智康就完全沒有核心競爭力，完全喪失了競爭優勢。

因此，一個有效的策略，一定是建立在有效的核心競爭力上面，這樣才能被客戶認可，也才能針對競爭對手建立競爭優勢。

富智康的問題就在於不清楚自己內部的勢，導致企業陷入衰退的逆境和危機中；又因為不知道內部和外部的勢，無法制訂出有效的策略衝破逆境。

外部的「勢」

簡單說，外部的勢就是「大趨勢」。大家都知道，順勢而為，事半功倍；逆勢而為，幸運的話，還可以事倍功半，但大部分時候是全功盡棄、慘敗收場。了解外部的大趨勢，是制訂策略的基本要求，但是，難就難在這個「外部」的定義，這就必須回到策略第一步Stand：高度與視野（視）。

如果是自己創業，自己就是老闆，那麼對於自己企業的產業定義，就必須拿捏得當，不可過大，也不可過小，總要維持與自己資源、能力匹配的高度。以十九世紀在美國叱吒風雲的「聯合太平洋鐵路公司」（Union Pacific Railroad）為例子：如果當初他們定義自己的產業為「運輸業」，而不是「鐵路業」，那麼他們可能已經挾著當初強大的資源，抓住趨勢進入公路和航空領域，而不會直到今天仍然死守著日漸萎縮的鐵路產業。

如果是在大企業內部服務，那麼在討論自己部門策略時，一定要站在老闆的高度，甚至於整個企業的高度來思考，才能夠制訂出順應企業發展趨勢的有效策略。這個道理說起來容易，但是真正能夠做到的專業經理人非常少。主要的原因就是「本位主義」和「內部競爭」。多少聰明人，就是跨不過「本位主義」這一關。

結論

制訂策略的方法和模型百百種，使用哪一種差別都不大，如果能夠把這個策略第一步和第二步做好的話，那麼好的、有效的策略也就呼之欲出了。

26 策略制訂之二：來自聯想的聯想

一九八四年，中國科學院計算技術研究所投資人民幣二十萬元，由十一名科技人員創辦成立了一家公司，這家公司由柳傳志帶頭，在北京一處租來的傳達室中開始創業，命名為「聯想」（Legend）。

一九九二年一月，我從美國加州派駐到北京擔任中國惠普總裁。當時聯想是惠普個人電腦和印表機的代理，負責這個銷售團隊的經理就是楊元慶。當時只覺得他是個非常積極，而且有著旺盛企圖心的年輕人。在北京的那一段時間，我經常為聯想開課，指導他們銷售和管理的理論和技巧，也因為如此，聯想的管理與文化受到惠普極大的影響。

彷彿才一眨眼工夫，二十六年過去了，聯想併購了IBM個人電腦部門，打敗了惠普和戴爾（Dell）等大廠，成為全球個人電腦及筆記型電腦的龍頭，而楊元慶也成為家喻戶曉的聯想集團董事局主席，以及首席執行官（CEO，在台灣通常譯為執行長）。既然見證了楊元慶和聯想集團的成長過程，那麼我就用聯想當作例子，來說明「策略五步驟」的應用。

聯想的崛起

二〇〇九年二月，聯想集團董事會宣布調整公司管理層，以加強公司實現長期全球戰略的能力。之後，柳傳志重新擔任公司董事局主席，而從二〇〇一年起就擔任集團總裁兼CEO的楊元慶，則重新擔任CEO。

二〇〇九年初，聯想將旗下個人電腦業務的大將劉軍，以及他的主要團隊，調出來成立「idea產品集團」，開拓智能*手機、平板、智能電視的產品市場。之後：

一、二〇一二年十月，聯想電腦銷量居世界第一。

二、二〇一三年一月，聯想宣布新的組織結構，建立兩個新的端到端（end to end）業務集團：Lenovo業務集團、Think業務集團。

三、二〇一三年十一月，聯想集團宣布成立數位行銷團隊。

四、二〇一五年四月，聯想發布了新版的標誌（logo），以及新的口號「永不止步」（Never Stand Still）。

---

* 編注：在中國大陸所稱之「智能」，在台灣一般稱為「智慧型」。因本文以聯想為例，故沿用中國大陸慣用的說法。

五、二〇一八年五月，聯想集團董事長兼CEO楊元慶透過內部信件，宣布聯想正式成立智能設備業務集團。

聯想的三個關鍵變革

一、二〇〇九年，IT向ICT轉型

二〇〇九年，聯想集團了解到IT（資訊科技）時代已經走到盡頭，而取而代之、引領科技潮流的ICT（資訊通信科技，information and communication technology）時代開啟了序幕。而互聯網也向移動互聯網*轉變。於是聯想宣布向ICT和移動互聯網轉型，大舉進軍智能手機和平板電腦。

我所知道的一些跨國企業，在取得產業領導地位之後，都會把最優秀的一軍人才留在主力戰場固守陣地。但聯想卻沒有時間固守陣地，而是立即忙著進軍全球市場，並且著手改造組織架構，帶領集團由IT時代跨入ICT時代。

與此同時，聯想也積極投資，引進全球知名的ＪＤＡ電子商務整體解決方案†，正式進入電子商務及物流的互聯網時代。

二、二〇一三年，傳統通路向網路行銷轉型

雖然聯想集團於二〇〇九年宣布向移動互聯網轉型，大舉進軍智能手機和平板電腦，但是仍然偏重於終端層面，研發、行銷、通路等方面還是傳統模式。眼看著競爭對手小米日漸坐大，華為、魅族、OPPO、Vivo等也提出了更全面的轉型移動互聯網策略。因此，聯想二〇一三年再度強化了轉型互聯網業務的理念，不僅成立了數位行銷團隊，還於二〇一四年學習小米生態，推出了「新業務拓展部」（New Business Development, NBD）互聯網創業平台，並發布了該平台「孵化」出來的首批三個創新產品：智能眼鏡、智能空氣淨化器，以及智能路由器（router）。

＊編注：在中國大陸所稱之「互聯網」與「移動互聯網」，在台灣一般稱為「網際網路」和「行動網路」。

†編注：ＪＤＡ是一家端到端、全通路、整合零售與供應鏈規劃及執行的解決方案供應商。

三、二〇一八年，雲端向智慧物聯網轉型

聯想在二〇一八年二月發布最新一季財報，顯示營收為一百三十億美元，創下過去三年來單季新高，並直逼歷史最好的水準，但卻沒有賺錢，反而虧損二・八九億美元。日前，恆生指數宣布將聯想從成分股中剔除。聯想從二〇一三年重回恆生指數以來，市值已下跌五七％，減少五十九億美元，主因就是公司獲利不佳。

雖然經過二〇〇九年和二〇一三年的兩次轉型變革，聯想的主要營收來源仍然是ＩＴ類產品，手機業務並不成功，網路行銷也仍然落後競爭對手。雖然仍然雄踞ＩＴ產業全球第一的寶座，但聯想在未來科技浪潮的競逐中，仍然明顯處於劣勢。面對這樣的態勢，楊元慶豈能不憂心若焚？

於是聯想集團於二〇一八年五月宣布，將原有的「個人電腦和智慧設備業務集團」（ＰＣＳＤ）與「移動業務集團」（ＭＢＧ）整合，成立全新的智慧設備業務集團（Intelligent Devices Group），與原有的「數據中心業務集團」（ＤＣＧ）協同研發「智慧設備＋雲」和「基礎設施＋雲」，以便迎戰「AI＋IoT」的智慧變革時代。

據騰訊財經報導，楊元慶在內部信件中表示，集團所處的行業正在經歷重大變革，從個人電腦互聯網、移動互聯網，過渡到「智慧物聯網」（AIoT）的新階段，有必要對組織和資源進

行調整，加速向智慧物聯網和智慧化時代轉型。

至於新成立的智慧設備集團，將由聯想集團企業總裁、首席營運官（COO）蘭奇（Gianfranco Lanci）領導*。

聯想轉型變革的策略五步驟

從二〇〇九至二〇一八年以來，聯想平均每五年就會因應科技變遷和產業競爭而改變策略，力圖轉型變革。在這裡，我就以聯想這三次的轉型變革為例，來說明我的策略五步驟。

第一步：「視」

策略五步驟的第一步「視」，也就是戰略高度上，聯想明顯地站在高科技產業變革的高度，亟思隨著產業變革進行企業再造。由IT進入ICT，再由互聯網進入移動互聯網及雲

* 資料來源：林宸誼（二〇一八年五月九日），〈聯想組織調整　成立智慧設備業務集團〉。聯合新聞網。取自https://udn.com/news/story/7333/3131984。

端，隨著人工智慧的高速發展，聯想也要進入智慧物聯網。

第二步：「勢」

在第二步「勢」，掌握產業趨勢方面，聯想並沒有忽略。在互聯網、雲端的戰爭熾烈開打之際，聯想除了成立專屬部門研究物聯網的產品技術之外，更以實際行動支持創客運動，舉辦全國性的創客產品設計大賽。

第三步：「策略」

在仔細分析完成第一和第二步之後，其實策略也就顯而易見，呼之欲出了。

但是許多企業有很好的策略，卻往往敗在執行上。執行上最大的障礙，則來自於組織和人。**組織是活的，它會自己偷偷的長大，並且抗拒改變。**

因此西方有句名言：「組織跟隨策略。」（Strategy leads, structure follows.）策略一旦確定了，組織必須隨之做調整。要先把既得利益者從組織中移開，新的策略執行組織才能跟著建立。

第四步：「師」

第四步「師」，也就是組織調整。聯想二〇〇九年成立idea產品集團、二〇一三年成立數位行銷團隊、二〇一八年整合成立全新的智慧設備業務集團等等都是。

反觀許多企業集團，雖然也意識到變革的重要性，但都寄望舊有的組織和主管能執行新的策略。可惜的是「老猴子變不出新把戲」，再加上既得利益和人的惰性，許多很好的策略就以失敗告終了。

第五步：「誓」

第五步「誓」，也就是透過溝通和承諾來取得共識。

在這三次變革中，楊元慶除了內部高層的溝通會議之外，還以內部郵件和全集團員工溝通*。從楊元慶的內部郵件可以看出，聯想企圖在一個老的ＩＴ企業之中，進行一場價值觀及文化改造。文中提到的互聯網精神核心三點：

---

* 編注：楊元慶的內部郵件，請見https://tuna.pizza/2ly5lJO，或掃描下列條碼：。

「客戶體驗」、「快速響應」，以及「粉絲經濟」，就是楊元慶希望建立的新價值觀和企業文化。

楊元慶更進一步對內喊話：「與其坐著被網路打敗，身為個人電腦業者，更應該主動向網路學習，加速轉型」，並表示自己「正感受到前所未有的危機」。

策略成功與否，關鍵在執行

雖然聯想在這三次轉型變革當中，都有做到策略五步驟，但是每次轉型變革的結果，仍然是磕磕碰碰的，不如預期。關鍵就在於，成立才三十五年的聯想，組織發展太過迅速，規模龐大到提早老化和僵化；再加上過去三十年科技進步的速度，超出經營管理的進步與歷史經驗值。現在，聯想集團的執行力已經遠遠比不上新一代的互聯網公司。

總結

策略五步驟非常重要，但是執行力更加重要。而現代企業的存活，策略的優劣，都是結果論英雄。企業想要基業長青，永續經營，就如同我在第二本書中說的：要同時做好策略、管理、價值觀與文化。三件事中任何一件做不好，都有可能導致企業的衰退和滅亡。

27 策略制訂之三：戰勝所有對手，卻輸給了時代

我在前一篇文章中，引用了聯想在過去十幾年的三次轉型變革，作為「策略五步驟」的例子。有朋友在臉書留言給我，他認為聯想算不上是成功企業，而我的回答是，「聯想成不成功，並不是這篇文章的重點」。聯想真正值得我們學習的地方，在於他們在個人電腦和筆記型電腦領域戰勝了所有對手，但是楊元慶一直在努力，想辦法不要輸給時代。

大潤發的故事

大潤發是被稱為「十九年不關一家店」的傳奇商場，但阿里巴巴在二〇一七年末收購了大潤發的母公司「高鑫零售」。二〇一八年初，外傳高鑫零售的董事，也是大潤發的創始人黃明端辭職，由阿里巴巴的CEO張勇接任（但這一點尚未經過證實）。

辛苦創業二十年，做到了中國零售業第一的成績，年營業額超過一千億人民幣。如果今後

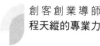

確實由阿里巴巴主導*，等於是為人作嫁。也就是：「**戰勝了所有對手，卻輸給了時代。**」

黃明端並不是不努力。他原本只是個門外漢，但先模仿、再超越。他說：「**我的生鮮一部分買貨操作是學美國的，但是整個商店的設計是學歐洲的，商品的選擇是學大陸。**」然而，面對一個「新時代」，他卻無從模仿。

二〇一八年一月二十日，原央視主持人、著名網路投資人張泉靈在「領航者大會暨二〇一八品牌醫生年度盛典」上發表了講演，他的一句「時代拋棄你時，連一聲再見都不會說」瞬間走紅。

劉慈欣的小說《三體》風靡全中國大陸，被稱譽為「從事互聯網行業必讀的一本聖經」。這本書裡也有一句名言：「我要毀滅你，與你有何相干？」

康師傅的故事

現在，泡麵（也就是中國市場所說的「方便麵」）的銷量正以每年幾十億包的速度在減

* 編注：張勇現為高鑫零售非執行董事及主席，黃明端則為高鑫零售旗下之大潤發中國主席。資料來源為二〇一八年十一月三日之高鑫零售集團網站：http://www.sunartretail.com/tc/about/cg.php與http://www.sunartretail.com/tc/about/management.php。

少。如此斷崖式下墜的市場危機，是產品出問題了嗎？應該不是。泡麵越做越精緻，大的小的種類越來越多，乾拌的、乾吃的，各種口味層出不窮，但仍舊挽回不了衰敗的頹勢。為什麼這個曾連續十八年銷量保持成長的國民美食*，在越做越用心的情況下，反而銷量嚴重下滑呢？

答案是，因為有了外賣。

自從網路公司侵門踏戶進入外賣行業之後，鄰近大小餐廳的各種美食，半小時左右就能送到家裡，這時候，消費者就根本沒有泡麵的需求了。

自從頂新集團在台灣出了「黑心食品」的大危機之後，台灣的消費者都在串聯要封殺頂新和其下屬企業的所有產品，但是成果不彰，貌似無法撼動頂新的地位。頂新依靠大陸市場，康師傅系列產品仍然火紅，尤其是康師傅方便麵。

如今，打敗康師傅的不是「統一」，不是「今麥郎」，更不是「白象」，不是任何一個泡麵市場的競爭對手，而是「美團」、「餓了麼」這些新興外賣公司，或是散布在城市裡大大小小的外賣美食餐廳。事實上，所有的泡麵公司都面臨著同樣的困境——他們也都好不到哪裡去。

就連有名的雀巢咖啡二合一、三合一即溶包，在消費者市場也大受影響。在台灣，無所不在的便利店都提供了現磨、現沖、現泡的咖啡；在大陸，透過外賣可以隨時買到熱騰騰的美味咖啡，誰又會在家裡囤積這種即溶咖啡呢？

扒手的故事

二〇一八年初，大陸有這樣一則讓人會心一笑又不禁深思的新聞：一個入行二十年，監獄大牢幾進幾出的小偷決定洗心革面。他在被捕之後，向採訪的記者說：

現在大家基本都不會在錢包裡放現金，都是掃碼支付，或者刷卡。十個錢包有八個裡面沒錢。手機又拿在手裡玩，想偷都沒得偷。以前一天能賺一兩千，現在兩三天都開張不了，還幹什麼，回家種地算了！

這兩年來，經常一天出去的收穫還不夠來回車費，微信支付的流行真讓我們考慮轉行了。

我們原本認為要靠「百姓衣食無憂，萬民得到教化」才能消滅的扒手，在不知不覺中被馬化騰和馬雲的行動支付大戰遏制住了。這真應了那句話：「**我要毀滅你，與你有何相干？**」

＊資料來源：吳瑞達（二〇一七年十一月二十七日），〈三年少賣八十億包　大陸泡麵市場乏力　網路訂餐來襲〉。中時電子報。取自https://www.chinatimes.com/newspapers/20171127000056-260203。

屠宰場的故事

這位臉書朋友還留言說，中國大陸的企業比起台灣，就贏在他們的祖產（大陸市場）吃不完。

可是別忘了，廣大市場吸引來的不僅僅是競爭對手，還包含了各種網路的「突變基因」和「異形」，這些新來的參戰者，遠比傳統競爭對手更可怕。他們眼中根本沒有你，你的「被」消滅是不小心造成的，他們連一聲「抱歉」都不會說。中國大陸市場就是一個屠宰場，但是走出屠宰場之後，才會變得更強大。

當我們還在抱怨台灣市場小的時候，別忘了，現在這個小市場，根本不在這些網路怪獸的眼中。但是總有一天，當他們的大草原牧草吃光了以後，他們就會往周遭的小草原進逼了。台灣的產業能不提早準備嗎？

結論

聯想集團的楊元慶為什麼在成為個人電腦和筆記型電腦的全球霸主之後，卻「正感受到前所未有的危機」，不斷苦思轉型變革？幾次的轉型變革雖然並不成功，但是他的遠見和憂心，是不是值得我們學習？

台灣的傳統產業和ＩＴ產業大老們必須了解，我們今天面臨的「基因突變」更加可怕。網際網路和行動網路已經是歷史了，迎面而來的是物聯網、智能機器人、無人駕駛汽車、載人飛行器、共享經濟、人工智慧、區塊鏈、虛擬加密貨幣等全新領域。如果以為這些都與你無關的話，那麼你很可能就會變成下一個「間接受害者」（collateral damage）——躺著也會中槍的犧牲者。

28 策略制訂之四：以「SMART」原則訂下目標，避免常犯的策略錯誤

商學院課程和許多管理書籍都喜歡用「教案」來總結過去的成功策略，作為其他企業的參考。但是很少有企業主因為上了商學院課程，或是閱讀了管理書籍之後，就能成功制訂自己的策略。因為策略必須針對個別企業制訂才會有效。

許多朋友在臉書上私訊給我，說我寫了三篇文章談策略五步驟，但就是沒有搔到癢處，談談如何制訂有效的策略。我在前文〈策略制訂之一：制訂優勢競爭策略的五大步驟〉的結論中提到：「制訂策略的方法和模型百百種，使用哪一種差別都不大，如果能夠把這個策略第一步和第二步做好的話，那麼好的、有效的策略也就呼之欲出了。」

事實上，產業不同，產品不同，在產業鏈上的定位不同，策略就會千變萬化，很難光是套上一個公式，策略就會自動浮現。所以，我只能舉幾個我知道的例子，跟大家分享。容我先賣個關子，在分享個案之前，讓我先談談在過去經常看到、人們在制訂策略時所犯的錯誤。

策略的定義

我在前文〈「策略」與「執行」，孰重孰輕？〉中，為策略下了一個定義：

「策略」就是針對達成「目標」的各種「途徑」所做的「選擇」。

因此，要談策略，就要先從目標談起。不論你是創業者、企業集團的執行長、公司的老闆，或是部門主管，都會有目標，也都需要制訂策略，以便帶領團隊達成目標。這個「目標」可大可小，可以是整個集團的目標，可以是整個公司的目標，也可以是一個部門的目標。這個「目標」也可長可短，可以是企業的使命或願景，可以是三年的目標，也可以是年度目標。

制訂目標的「SMART」原則

訂定目標一定要符合「SMART」原則：

一、明確（specific）：目標必須很明確，盡量避免使用空洞、虛擬、口號式的字眼。

二、可衡量（measurable）：目標必須是數字化、可衡量的。有句英文俗語是這麼說的：「無法衡量的事情，就無法改進。」（If you cannot measure it, you cannot improve it.）

三、可達成（achievable）：目標必須有挑戰性，但不能是絕對達不到的，否則，你的團隊可能還沒開始就已經放棄了。

四、相關（relevant）：目標必須和你的部門業務、功能或ＫＰＩ是相關的，這樣才能讓你的團隊了解，大家究竟是為誰而戰，為何而戰。

五、時限（time）：目標的達成，一定要有一個時限，在制訂時就要註明，必須在什麼時間點之前達成任務。

策略錯誤一：把目標當成策略

在我輔導企業，或是專業經理人生涯當中，經常可以看到類似這樣的「策略」：「爭取在一年內成為中國第一品牌，三年內進入全球前三。」其實這個根本就不是策略，而是目標，頂多只能說是通往目標的路徑。「一年內成為中國第一品牌」是一個明確的目標，可以量化，可以達到，而且也有時限。但是，有多少方法可以達到這個目標？**在眾多方法中選擇一個最有勝算的，才是策略。**

策略錯誤二：沒有行動計畫

一個好的策略，除了「路徑」明確之外，還要能夠被拆解，成為各部門或各部屬「分工合作」的行動計畫。

我看過太多好的策略，因為沒有詳細的行動計畫，留給各部門或團隊成員太多的模糊空間，所以在執行過程中產生許多內鬥、內耗，導致結果失敗的例子。如果策略相關的組織越龐大，就越需要一個類似系統工程的執行計畫，以確保「分工」之後還能夠「合作」。前期的計畫越詳細、越周密，後期的執行就越不會出錯。

策略錯誤三：僵化不變

前述的〈「策略」與「執行」，孰重孰輕？〉一文中也提到，「途徑」（也就是策略）的尋找，都基於許多假設。在行進的途中，還會遇到各種外在環境的變化，改變了當初的假設。

在選擇途徑的時候，我們一定會選一條天時、地利、人和都最有利，也就是勝算最高的途徑。但往往人算不如天算，在往目標前進的旅程當中，各種外在的、不可控制的變化，都可能會改變我們當初的假設。定期審視產業趨勢、目標市場、競爭對手的變化，進而調整策略以因應，才能一直保持勝算，達成目標。

策略錯誤四：獨斷獨行

聰明的領導者在制訂策略的時候，一定會讓團隊參與討論，但太強勢的老闆往往獨斷獨行，自己關起門來制訂策略，然後要求屬下照章執行。聰明的業務人員在給客戶的提案中，一定會想辦法讓客戶參與提案設計，而且讓客戶覺得這個提案就是他的想法。這個銷售技巧叫做「鉛筆提案」（pencil proposal），因為鉛筆寫的字，隨時都可以用橡皮擦擦掉修改。

包容和參與（involvement）的力量非常強大。小米的第一款手機「米1」的規格，就是由小米的發燒友社群「MIUI」的粉絲們共同制訂的。而小米生態系的成功，也是運用同樣的策略，讓合作伙夥積極參與生態系的構建。

結論

商學院的MBA課程，以及坊間許多管理書籍，都喜歡用教案（case study）的方式，來總結過去成功企業的策略，歸納出一些準則，作為其他企業的參考。

但是很少有企業主因為上了商學院課程，或是閱讀了著名的管理書籍，並據以制訂自己的策略，最後獲得成功的。因為，策略必須針對個別企業制訂，具有非常高的客製化成分，才會有效。

但本文所提的，卻是不分產業、市場、產品的各種企業或是部門，在制訂策略過程中都會犯的相同錯誤，在這裡提供給讀者們參考。

29 策略制訂之五：案例——PressPlay與知識經濟

關於「策略五步驟」的文章已經寫了四篇，但是還沒有談到策略。策略必須量身打造，因為它會依產業、產品、技術、市場、個別公司而異。更難下定論的是，它的優劣成敗跟「執行力」有很大的關係。也因為如此，我不敢在文章中直接討論「通用的策略理論」，只能在一對一的團隊輔導時，針對團隊特性給予一些建議。

但是，許多朋友在讀了前面幾篇關於「策略五步驟」的文章後，還是希望我能夠舉一些實例說明，否則無法將這策略五步驟連貫起來。於是在徵求創辦人之一的翁梓揚同意之後，我就以輔導的PressPlay公司為例子，談談我在策略上給他們的一些建議。

PressPlay的背景

PressPlay主要由三個優秀的年輕人於二〇一六年創辦，分別是丹尼斯（Dennis）、羅伯

（Rob）以及保羅（Paul）。他們的經歷如下：

丹尼斯：

- 曾任職奧美公關，三十三歲。
- 專長：行銷。
- 學歷：澳洲昆士蘭理工大學，主修整合行銷。
- 二〇一三年，與保羅創立針對文創設計與音樂藝文的台灣群眾募資平台「HereO」。

羅伯：

- 網路音樂節目音樂人，共同創始人，二十七歲。
- 專長：新媒體。
- 學歷：東吳大學企管系。

保羅：

- HereO募資平台創辦人，三十一歲。
- 專長：業務開發與網路平台營運。

● 學歷：美國加州聖地牙哥州立大學傳播系。

該公司二〇一七年度訂閱收入達四千萬台幣，今年預計應有倍數成長。從這些數字來看，該公司儼然是台灣網路廣告內容創作，以及知識經濟市場的領先者之一。

知識經濟市場

雖然PressPlay的廣告收入遠比知識經濟的訂閱收入來得大，但我比較有興趣的卻是知識經濟這一部分。根據我過去的經驗，我認為知識經濟在大陸發展得非常迅速，但是在台灣很難發展，因為：

一、大陸和台灣的市場規模相差太大；
二、大陸改革開放三十年來，經濟上取得了傲人的成果，但是知識落差比台灣大；
三、台灣的「吃到飽」文化，令知識經濟的收費模式只能局限於「吃到飽」模式，台灣用戶比較難接受「按專業付費」、「按產品付費」或「按需付費」的訂閱模式。

網路產品的開發成本和費用，必須分攤到每個使用者身上，因此，規模大的市場就占到了平均成本低的優勢。而台灣的市場規模小，自然分攤到每個用戶身上的成本就比大陸高了。此外，再加上台灣「吃到飽」文化的影響，價格高不上去，導致營收偏低，在這種「低營收，高成本」的財務模式下，台灣在知識經濟方面創業的公司幾乎都很難生存。

我過去輔導過幾個以知識經濟市場為目標的台灣創業團隊，剛開始都以免費服務的方法，建立了一個基本的社群，然而一旦啟動收費機制，社群的用戶就紛紛離開，最後都是以失敗收場。

知識訂閱學習平台

PressPlay在付費訂閱方面採取的策略是「教育的內核，出版的外衣，傳媒的表達」，充分運用了創始團隊的核心能力，做出與一般知識經濟領域創業者的差異。

PressPlay充分發揮了三個創始人核心專業能力，針對品牌廣告產業的「流量需求」與內容市場的「觀看需求」兩大面向，選定了「娛樂類」、「女性生活類」為知識領域的目標，然後找出台灣在這兩個領域最具影響力的知識內容創作者，順利取得了十五位知名創作者的獨家經紀權。

他們有一個很專業的團隊，在選定的兩個知識領域尋找知識專家，然後為這些知識專家量身訂作各種客製化的產品。其中有低門檻的通用課程，透過定時的內容交付，讓廣大的訂閱用戶達到好的學習效果。也有限定名額的高價產品，可以讓訂閱用戶與知識專家直接互動，讓知識專家為訂閱用戶拆解艱深難題，使得效益更加顯著。

相較於其他線上課程、付費課程，PressPlay提供更多全領域的學習方案，從商業應用、興趣技能、自我提升、財經理財、生活品味到藝文等多元課程。在未進行網路廣告投放下，已經獲得十二萬以上的會員，每月五百二十萬以上的訂閱金額。

PressPlay在知識經濟訂閱平台的營收是以佣金收入計算，因此二〇一七年平台創造的總產值應該是接近兩億台幣，目前台灣前五十名的YouTuber排行榜裡，PressPlay就占了七個頻道。他們在短短兩年內取得這些成果，讓我非常佩服。

面臨的風險

成功是最壞的導師，它只會帶給你無知和膽大。PressPlay雖然取得了初步的成功，但組織和人員也擴充得很快：目前已經有四十五個人，估計到年底會增加到五十多人。組織逐漸變得龐大，帶來了三個問題和挑戰。

首先，是每個月的固定費用快速增加。二〇一七年才接近損益兩平，今年如果營收沒有快速成長，龐大的固定費用會導致虧損。

第二個問題，是龐大的組織帶來各種管理難題。對這三個年輕的創業者來說，光靠熱情和創意，要帶領一個這麼龐大的組織，處處是挑戰。然而，**管理經驗是沒有捷徑的**。

第三個問題：人力的配置是否符合公司的階段性策略？是否能增強並累積「核心能力」和「核心競爭力」？

以上三個問題，其實答案也很簡單，組織精簡是唯一的辦法，而且要在創業初始階段就做好。他們必須檢視自己的核心能力，對於非核心能力的人員，則盡量採取外包或尋找合作夥伴的方式來構成。

下一步策略

根據他們的規劃，接下來的策略如下：

一、拜訪更高端的知名企業家，例如張忠謀、施振榮等，請他們培訓年輕人。PressPlay為他們量身訂作產品，利用他們的高知名度來擴大會員數，增加營收。

二、針對月收入破百萬的內容創作者進行投資。這樣除了可以協助量化創作者的產能之外，還能更進一步強化與內容創作者之間的合作。

三、擴大知識經濟領域，招募更多知識專家，提供給訂閱用戶更多平台產品，充分運用長尾效應。

我的看法是：

一、這些企業人士都已經功成名就，並不會接受邀請，擔任PressPlay的知識專家，因為對他們來說，名和利毫無吸引力可言。

二、新創公司有的是熱情、理想和創意，而最缺的就是時間和資源。如今PressPlay有了一個好的開局，但是前面仍然布滿風險和挑戰。PressPlay應該專注在已經打下的山頭，固守陣地逐步擴大。如果自己都不能保證「生存」，哪有時間和資源去投資別人？

三、長尾理論的迷思：克里斯・安德森（Chris Anderson）的《長尾理論》（*The Long Tail*）在海峽兩岸都非常暢銷，我在輔導創業團隊的時候也經常以長尾理論做例子。但有許多創業者在選擇目標市場的時候，經常都誤解了長尾理論。

任何目標市場都有大大小小許多客戶。在網際網路出現之前，只有做大客戶——也就是長尾理論說的「短頭客戶」——才能創造利潤。至於為數眾多的長尾小客戶，因為沒有形成經濟規模，所以不值得去做。

即使在進入網際網路的今天，任何目標市場裡的短頭大客戶仍然是首選的目標，尤其對於新創公司更是如此。如果短頭大客戶已經被大品牌競爭對手占據了，新創公司仍然需要足夠的資源和網路技術，才能去做長尾客戶。沒有新創公司會放著短頭大客戶不做，而故意去追求長尾小客戶的。

我的建議

在PressPlay的案例裡，無論是知識專家或內容創作者的經營模式，也同樣都符合長尾理論。PressPlay應該專注在為短頭創作者（月收入上百萬的）創造更多的品牌價值，使之成為更大的網紅，而非將資源用在增加更多的「小長尾」創作者上。作為一個知識經濟平台，PressPlay對於知識專家能否成為大網紅影響有限，因為其中主要的關鍵，仍在於知識專家本身的價值與能力上。

由於平台的發展壯大仍然要靠這些短頭的知識專家，所以應該要專注在他們身上，為他們創造更多價值，讓他們離不開平台，這才應該是PressPlay眼下最主要的策略。

結語

「策略」就是針對達成「目標」的各種「途徑」所做的「選擇」，但能否達成目標的關鍵，還是在執行上。我不敢說PressPlay原來的策略一定會失敗，但我所提供的看法和建議，應該可以是他們另一種策略的選擇。如果他們有強大的執行力，原來的策略也有可能會幫助他們成功達成目標。同樣地，即使他們採納了我的建議，如果執行得不好，當然也有失敗的可能。

30 策略制訂之六：案例——行動派與知識經濟

中國大陸在改革開放以後，創造了許多經濟發展奇蹟；但知識的提升與經濟不同的是，必須透過研發和時間的積累。中國目前的普遍狀況是「知識落後，但經濟強大」，而這正是主打年輕女性的「行動派」社群最好的發展市場。

二〇一七年七月初，我接到「早餐會」（LABreakfast）發起人吳鉑源（Michael Wu）的私訊。他告訴我，七月二十二日，他和「行動派」*在深圳合作了一個線下分享會，主題是「找尋你的天賦與熱情」，想邀我擔任與談嘉賓，問我這個時間在不在深圳？基於對年輕人創業活動的支持，我當時又正好在深圳，就答應了。

* 編注：「行動派」的網址為：http://www.action-pie.com/，或掃描下列條碼：。

「行動派」線下分享會

鉑源跟「行動派」的合作模式是，行動派與鉑源簽了課程經紀合約，雙方共同研發一套在「千聊」平台上的線上課程，題目就是「天賦與熱情」，雙方先從這個線上課程開始合作，未來再開設線下課程。

七月二十二日的活動從下午兩點進行到五點半，是一場由「行動派社群」舉辦的典型線下分享會。行動派會定期邀請嘉賓來做實體分享，每一場的參與人數大約在兩百到兩百五十人之間。

在分享會之前，行動派已經幫鉑源在「一直播」平台做了一次線上直播，鉑源講了一個半小時，當時就有七萬的觀看次數。這次的線下分享會，主要是讓行動派社群的小夥伴們更進一步認識鉑源，也更理解這個主題對他們的價值，而非對這個線上課程做強力的促銷。

這是我第一次聽到「行動派社群」這個名稱，也是我第一次參加行動派的線下分享會。

這次活動讓我印象深刻的是，參加者有八成以上都是二十到三十歲之間的白領女性。很明顯看得出來的是，這些參加者的工作經驗都不是很多，在公司職務也不是很高，但他們都有積極學習的精神，願意犧牲週六的休息時間來參加這個活動。

吳鉑源設計的課程包括參加者填寫問卷，然後與其他人分享。出乎我意料之外，每個問題願意分享的人都非常多，但由於時間的關係，只能選擇一兩個人來分享。每個分享的人都充滿了熱情，希望告訴所有參加的人自己的經驗和想法。

每個參加活動的人都付費六十元人民幣。在這種高大上*、可容納兩百人的階梯會議室，我感覺收取的費用只夠支付場地費。此外還有十幾個穿著行動派T恤的工作人員費用怎麼辦？這個活動一定賠錢。但在活動結束以後，工作人員爭相和我合照時，我才發現他們都是義工，不領薪水的。如此一來，我不禁對於行動派的號召能力和組織能力大感佩服。

就在當天，我認識了行動派的琦琦。她原名劉曉琦，一九八五年生，原是《財富經濟》的副主編，也是會議會展策劃人。二〇一四年三月創辦了「中國精英女性影響力論壇」，現在則是「行動派」社群的發起人。

關於行動派

行動派是一個在中國大陸高速發展、針對「泛八〇、九〇後」（約一九八〇至一九九〇年代之後出生）的人士所規劃的成長型社群，也是極少數具有無邊界、自主組織特點的新型社

* 編注：「高大上」原為大陸電視劇台詞，全稱為「高端、大氣、上檔次」，常用來形容有品味格調，或作為反諷。

群。截至二〇一八年五月，行動派擁有超過兩百萬人的社群成員，在中國大陸一百八十八個城市和英國、韓國、新加坡等海外九個國家都有成員自主成立的實體社群。

他們的社群以「學習、行動、分享，達成夢想清單」的理念，推動社員自主組織分享會，以及各種線下學習活動。行動派社群倡導「分享改變世界，行動改變未來」，鼓勵年輕人「做行動派，成為更好的自己」，全社群呈現極高的正能量和社群黏性。

行動派成立於二〇一四年。當時兩位創始人劉曉琦（琦琦）和李婉萍本來在廈門的公關公司上班，但由於琦琦在微博上發文吸引了眾多粉絲跟隨，所以她們決定自行創業，成立社群。從初入行業，到帶領團隊獲得業界大獎的認可，琦琦只用了一年多的時間。從資深公關策劃，轉型涉足網際網路，在許多人剛剛知道「自媒體」的說法時，她的粉絲群已經遍布大江南北。

行動派每年舉辦「青年影響力論壇」和「女性影響力論壇」兩場大型活動，後來在一次活動裡，邀請到了中國大陸的知名投資人李善友（混沌研習社創始人）來分享。那次活動非常成功，當場轉換出了多達一千一百位混沌研習社的付費會員。李善友當時非常訝異。在深入了解後，決定成為他們的天使投資人，投入兩百萬人民幣做初始基金。有了李善友的加持，行動派的成長和發展更加迅速。

四年來，她們把行動派經營為「社群」、「媒體」、「課程」三大區塊，目前全國各地大約有超過兩百個夥伴圈，每月有兩百到三百場自主性線下社群聚會。

琦琦作為中國大陸首個高端精品課程引進者，於二〇一六年延伸線下教育產品組合，創辦「行動派大學」，並不斷研發引入海內外頂尖課程，包括「超速閱讀課」（PhotoReading）、「國際商業寫作課」（SuperWriter）、「熱情測試課」（PassionTest）、「願景心理學」（Psychology of Vision）、「人生整理魔法課」等等。

透過網路新媒體的通路，他們在沒有資源、沒有市場的情況下，不停更新疊代課程內容，從課程教材到課堂環境，讓學員課程體驗升級，打開了線下課程千萬等級的市場。

作為知識產權（intellectual property，即台灣所稱之智慧財產權）操盤手，行動派開設了線上教育產品組合，打破大陸知識產權線上課程只能打價格戰的困局。經過仔細琢磨的課程內容、設計精緻的學習教材，以及陪伴式成長學習的服務體系，都贏得了一〇〇%的學員好評，成了大陸規模最大、好評最多的精品線上教育課程之一。

擁有「國際版權出版人」這一稱號的琦琦，相繼引進出版了《你和夢想之間，只差一個行動》、《高倍速閱讀法》、《包包流浪記》、《金錢的靈魂》等暢銷書籍，經過統計，行動派出品的書籍累計銷售量已突破六百萬冊*。

---

* 資料來源：文教育（二〇一八年五月二十一日），〈行動派創始人劉曉琦榮獲「2018中國品牌建設優秀人物」〉。搜狐。取自http://www.sohu.com/a/231651477_665896。

她們的課程模組是營收主要來源，課程時間都在週末兩天，主題和個人成長相關。她們的模式是在國際市場上購買智慧財產權的授權，經營全華文區市場，配合出版社出書，並且由自己的團隊來規劃課程，請這些國際知名的老師飛到北京、上海、廣州、深圳等主要城市提供線下實體教學。

行動派一年五十二週都有課程，每次的課程分工作坊制（五十人，每人費用八千八百元人民幣）、大課制（三百人，每人費用兩千元人民幣）。另外她們還製作手帳產品，在深圳西西佛、台灣誠品、廣州方所、日本蔦屋書店等實體通路銷售。

台北聚餐

我在二〇一八年四月二十六日接到琦琦的來信，得知她於五一勞動節期間在台北參訪，希望約我見面。於是我請吳鉑源安排一桌朋友，五月一日和琦琦在台北共進晚餐。參加的朋友都是台灣知名的女性媒體內容創作專家，領域涵蓋美食、時尚、科技、金融、理財等。

再次令我驚訝的是，整個晚餐過程當中，琦琦非常低調，除了仔細聆聽其他專家們的談話，很少主動開口。在座的台灣朋友似乎對行動派和琦琦並不了解，所以我只好請琦琦介紹一下行動派的近況，以及未來的發展策略。

行動派的發展策略

透過對琦琦的提問，我了解到行動派在創業初期，主要是發展線上媒體及線下社群，二〇一七年才開始經營課程模組的商業模式。主要收入來自引進美國和日本的先進學習課程，而且第一年營收就達到三千萬人民幣。這些課程在海外當地，都是垂直細分領域的暢銷課程，策略上往小而美發展，但行動派將課程引進中國大陸之後，卻成為主流市場的暢銷產品，把課程市場做得更大。

據琦琦表示，行動派在未來兩年將大力發展韓國、台灣、港澳和東南亞華人市場。於是我問琦琦，目前行動派有五類課程，每一類課程在中國大陸每年可以做到的最大營收是多少？琦琦認為，每一類課程應該可以做到一年一億人民幣的營收規模。

我的分析

琦琦能夠在短短的四年當中成功創業，當然是因為她的「正能量、行動力強、思維活躍、愛分享」的人格特質，透過網路傳播的力量，創造了黏性極高的廣大社群。但是，空有社群，沒有生意模式，是無法成為一個事業的。放眼海峽兩岸有許許多多的網紅、達人、專家，擁有為數眾多的粉絲和極大的社群影響力，卻苦於找不到合適的生意模式，而導致無法變現，無法長久經營。

最常見的生意模式就是電商和知識經濟，而行動派的成功就是透過知識落差，引進國外學習課程，提供給人數眾多且有強烈學習意願的社群夥伴們。行動派的主要目標客戶群非常明確，就是「二十二到三十歲的年輕白領女性」。這個族群的職場工作經驗不多，職位不高，但卻有著強烈的學習欲望，希望在工作當中追求成長，同時也能夠成就自己。

知識經濟

所謂知識經濟，就是利用知識落差尋找商機，創造事業。例如補習教育就是知識經濟的一部分，透過老師和學生的知識落差，來創造出體制外的事業。

中國大陸在改革開放以後，過去三十年創造了世界的經濟發展奇蹟，但知識的提升必須透過學術研發和時間的積累，沒有捷徑。就如同基因的改變，需要經過許多世代一樣。

中國大陸接近十四億的人口，在過去三十年之中有部分的人先富起來了，因此拉大了貧富的差距。同樣地，有部分的人知識水準迅速提高了，而這也加大了知識落差。網路科技的出現，為縮小貧富差距和知識落差提供了許多解決方法，同時也創造了許多商機。而在縮小知識落差方面的商機，就是知識經濟。

再把策略高度提高，視野放到全球，每個國家的知識進步程度不同，也創造了國家和國家之間的知識落差。毫無疑問地，歐美日處於領先地位，接著是韓國、台灣和港澳，然後是東南亞國家，最後是中國大陸。由於十年文革和閉關鎖國，中國大陸直到改革開放以後，才全力發展經濟，於是產生了一個奇怪的現象：**知識落後，但經濟強大**，而這正是發展知識經濟最好的市場。

這也解釋了，為何行動派引進的美日課程，在其本國內並不是主流的通識教育產品，因為在這些先進國家內，本身的知識落差就不大。但中國大陸內部的知識落差就非常大，所以經過行動派的網路行銷，這些課程很快就成為主流暢銷產品。而行動派社群的目標用戶，正是對於學習有極大渴望的社群，也正是知識經濟發展最好的目標用戶群體。

知識落差創造的商機，一定是「由高往低走」，因此歐美日的學習課程會先往韓台港澳流動，再往東南亞國家流動，最後再往中國大陸流動。「方向逆轉」在某些專業領域或許是可能的（例如中醫藥和傳統療法），但是在通識課程方面，逆勢而行則挑戰加倍，風險極大。

給行動派的策略建議

商業就如同各種球類運動，因為熟悉市場、消費者習慣、通路、政府政策等等環境因素，所以通常主場隊伍占有極大的優勢。

如同經濟發展快速一樣，中國大陸在知識落差方面的商機也在迅速縮小。根據琦琦判斷，每類課程每年的營收應該可以達到一億人民幣，而五類課程潛在的市場就有五億人民幣之多。然而，行動派去年的營收只有三千萬人民幣。

放著低垂的果子（low hanging fruits）不去摘，卻逆勢往高處進攻山頭，這不是一個很好的策略。往東亞和東南亞海外華人市場，複製發展行動派社群是可行的，困難度也不大，作為琦琦個人的愛好，我可以理解。

但是沒有知識經濟的生意模式，就無法發展成一個事業，而且機會成本永遠是互相排斥的。放著中國大陸廣大的商機不去追求，而把寶貴的資源用在海外華人市場，就不是一個明智的選擇。

我還建議琦琦，台灣的知識專家非常多，行動派應該多和台灣知識經濟領域創業者合作，創造雙贏。琦琦在聽了我的建議後，已經對戰略做了調整，目前深耕國內市場的部分更為加強，已經開始做校區深耕發展。消息傳來，令我非常欣慰。

31 跌落寶座的自負王者：諸基亞的前世今生

多年以前，諾基亞（Nokia）因為「世界變化太快」，以及本身的自負心態，失去了原本的市場寶座，品牌也成為被併購的對象。有一些當時背後的故事，現在已經成為歷史，本文以我自己的親身經歷，揭開諾基亞十年前策略失誤的祕辛。

前幾年網路上盛傳過「觀念與改變」這句話。諾基亞正式退出歷史舞台時，執行長約瑪・奧利拉（Jorma Ollila）在公布同意微軟（Microsoft）收購諾基亞的記者招待會的最後，也說了一句話：「我們並沒有做錯什麼，但不知為什麼，我們輸了。」說完，連同他在內的幾十名諾基亞高階主管不禁落淚。諾基亞是一家值得敬佩的公司，他們並沒有做錯什麼，只是世界變化太快。俗話說：可憐之人必有可恨之處，這句話並不是完全沒有道理。

我與諾基亞的恩怨情仇

我在德州儀器服務的十年期間，擔任的是亞洲區總裁，跟諾基亞的接觸主要是在亞洲區，尤其是中國大陸。至於諾基亞位於芬蘭艾斯普（Espoo）的總部，是由德州儀器的手機事業部門與歐洲分部直接負責，因此我跟諾基亞總部的接觸不多。

在二〇〇一年中，中國大陸信息產業部曲維枝副部長為了推動建立中國手機的3G標準「TD-SCDMA」，委請我出面說服德州儀器協助，於上海成立一家合資公司，設計開發生產TD的晶片組（chipset），否則，光有標準而沒有晶片組，無法成為一個產業。由於曲副部長是我多年好友，又合作成立過北京長信嘉和上海全景兩家合資公司，因此我欣然接受。

以我對手機產業的了解，當時兩大標準陣營對中國大陸推出3G新標準都非常排斥。GSM陣營的龍頭是諾基亞與愛立信（Ericsson），CDMA陣營的龍頭則是三星（Samsung）與LG。

由於德州儀器的主要客戶，都是GSM陣營的手機品牌公司，所以為了不得罪這些客戶，來自德州儀器內部的阻力很大。此外，如果這個合資公司的TD晶片組，只能靠當時不成氣候的少數中國品牌採用，成功機會也非常渺茫。但是在我的字典裡，對「問題」的定義就是「有答案的」，只要是有答案的問題，就有辦法解決。基於德州儀器對我的信任與重視，而且投資其實並不算大，我很快就取得了公司的同意。如果這個專案成功，對德州儀器來說是打開了一個全新市場，可以避免雞蛋全部押在GSM一個籃子裡的危險。

既然是中國標準，這個合資公司肯定要延攬擁有標準的國有企業大唐集團加入。其次則是，當時位在中國電子百強之首的中電集團、旗下有與摩托羅拉合資公司的東方電信、與諾基亞合資的首都電信、與法國Sagem合資的波導手機等，更是不可缺席。

有了這個商機，我也需要值得信任的台商提供資源，來支持這家合資公司。於是，我成功說服了在上海創立迪比特（DBTel）手機品牌的台灣大霸電子拔刀相助，成為合資公司股東之一。大霸電子不但提供廠房，而且董事長莫皓然也同意擔任合資公司董事長。

接下來，為了避免GSM和CDMA兩大陣營的龍頭品牌聯合抵制這個新的中國標準，必須想辦法說服各自陣營具有代表性的公司，也加入這個合資公司成為股東。在GSM陣營，我的目標是諾基亞。這有一舉兩得的作用：因為諾基亞在當時是德州儀器的最大客戶，所以如果諾基亞同意加入，德州儀器也會更加支持。在CDMA陣營，由於我和三星打過很多交道，對於這家公司的價值觀與文化並不認同，因此挑選了比較美式作風的LG。

在這些目標股東當中，最大的挑戰就是諾基亞。因此，我必須動用信息產業部曲副部長的影響力，使得諾基亞不得不就範。但這當中的細節，就不足為外人道了。但可以理解的是，諾基亞總部肯定對我開始有點不滿的情緒。

二〇〇二年，合資公司在上海正式成立，公司取名「凱明」，英文名為COMMIT（China Open Multi-Media Information Technology）。

在我二〇〇七年六月底離開德州儀器之後，德州儀器緊接著在二〇〇八年四月換了董事長，企業使命與策略也做了重大調整。德州儀器決定慢慢退出數位晶片的手機紅海市場，轉向類比晶片產品工業的應用市場。接著，德州儀器宣布停止繼續研發「開放式多媒體應用平台架構」（Open Multimedia Application Platform, OMAP）平台。由於這也是凱明TD晶片設計所採用的平台，所以德州儀器的這個決定等同於判了凱明死刑。原本就是股東眾多，而且各懷心機、缺乏共識、離心離德，加上產品開發不斷延後，現金鏈出現問題，於是凱明眾股東就決定不再投資，而將凱明關閉。

關於德州儀器企業使命和策略的改變，請參閱本書第三十七篇文章〈泡沫、脫困、再造——德州儀器的第二次變革〉。

與諾基亞總部高層的第一次會議

在我加入某台商本土集團之後，在二〇〇七年十月奉老闆命令，對中國大陸山寨手機的生態系統做了詳細的調查研究。也因為如此，二〇〇八年中就有機會跟著集團總裁一起到芬蘭艾斯普的諾基亞總部，與該公司執行長及一級主管開會。基於好意和自信，我沒有事先跟集團總裁打招呼，就在會議中大膽向諾基亞高層提出了建議。

我提醒諾基亞高層，要注意台灣半導體手機晶片公司聯發科的策略：他們針對大陸的品牌、白牌、山寨手機公司，提供了接近完成的產品方案，以期將過去需要九到十二個月的手機開發時間，縮短到四至六個星期，而這樣的手機開發速度，將會完全打敗諾基亞和其他國際品牌手機公司。

大陸的白牌和山寨手機，在中國國內市場已經擠壓到了諾基亞的市占率，更開始大量出口東南亞等海外新興市場，很快就即將影響到諾基亞在印度、印尼，以及其他東南亞國家的市場地位。所以，諾基亞應該要想辦法和本集團合作，在彈性和速度方面建立新的核心能力和競爭優勢，才能化被動為主動。關鍵在於，必須**針對手機的機械結構組裝，採取標準化和模組化的策略。**

在我做了上述的建議之後，諾基亞的執行長和高層居然哄堂大笑，很不以為然地對我說：

雖然你也在德州儀器服務過，但是對於諾基亞與德州儀器十多年來的策略合作並不了解。我們和德州儀器雙方投入了數千人聯合開發的客製晶片組，功能非常強大，不是一個小小的台灣半導體晶片公司可以超越的。中國大陸的那些白牌、山寨、仿冒手機，沒有專利技術的授權，靠著逃漏稅、抄襲、低品質的生產製造、高返修率，如何能跟世界第一的諾基亞競爭？你們對手機產業太不了解。你們集團不就是個手機代工廠？你們只要專心做好代工製造，策略方面我們自己決定，不勞你們集團操心。

在這個會議當中，讓我真正領教到了什麼叫做企業的傲慢（arrogance）和過度自信（over confidence）。

其實，我自己也學到了教訓，因為我個人也難免帶有一點傲慢和過度自信。在雙方談判的場合，坐在什麼位子就說什麼話，既然我的老闆在場，這種高層策略的事，就應該由老闆和對方的執行長談。除非老闆示意，對方同意，否則輪不到我來說話，不然，即使我說得對，我的話也不會有可信度（credibility）。

會議的結果，客戶嘲笑，老闆不悅，我只好回去自我反省，仔細想清楚，然後寫下一份「集團與諾基亞策略合作」的簽呈，由老闆親自去跟諾基亞執行長談了。

「對諾基亞的策略」簽呈

我在返回深圳之後，蒐集了更多資料，也再次跟諾基亞中高層經理訪談，得到了更多資訊，然後起草了這個簽呈給我的老闆，也就是集團總裁。由於事隔接近十年，諾基亞徹底的衰退滅亡，而且品牌也被收購了，所以簽呈內容不再是機密。因此我將敏感的小地方打了馬賽克，然後以原始簽呈分享給讀者們參考。

呈 總裁

職針對諾基亞的因應策略，提出書面看法如下：

一、前言

諾基亞是一個很驕傲的公司，在主流GSM、WCDMA手機的廠商中，堅持不採用ODM的模式。但是，要說服諾基亞完全放棄製造，並非完全不可能，職建議要分兩步走。

職於去年九月底赴芬蘭拜訪諾基亞，諾基亞的採購對我司提出的垂直整合仍然充滿疑慮，覺得此舉會威脅到諾基亞的掌控能力，並且損及諾基亞的驕傲。

去年十月十六日諾基亞公布第三季財報，結果營收下滑、利潤下滑，最重要的二〇〇八年目標——市占率也由二〇〇七年第三季三九%，下滑到三八%。這個結果敲響了諾基亞的警鐘，使得諾基亞的態度也由反對垂直整合轉變為願意談。但是諾基亞對於我司所提的垂直整合策略合作，仍然是站在採購的立場來看，認為其唯一的價值，就是降低成本。他們仍然無法站在供應鏈的立場或執行長競爭策略的高度來評估垂直整合。

這從楊恩（Janne）及尤卡（Jukka）（作者注：兩位都是諾基亞採購高層）還是急著殺價，而願意以垂直整合來作為交換條件，即可證明他們跳脫不出採購的思維與立場。在昨天的電話會議中，尤卡雖然提出可考慮垂直整合及對零件掌控的放鬆，也提到ODM的可能性，但是只願意開放CDMA（非主流）和3G手機（量較少）。

對於職的建議，零組件的垂直整合，表達願意談，但不清楚細節和認證（qualification）的方式。結論還是效率（efficiency）和成本（cost），還是不脫採購的觀點。尤卡之所以不清楚職的建議，主要是職在一月五日去機場接機與楊恩同車赴龍華時，於途中向楊恩建議零組件的垂直整合。必定是楊恩於事後向尤卡解釋，而未盡詳細。但是已經足以引起尤卡的興趣。

職認為總裁對諾基亞應對策略，已暗藏在總裁對諾基亞的七點策略分析中。職大膽將總裁的七點策略分析及過去總裁多次教導的策略框架，整合做出建議，以供總裁與諾基亞在二月二十六日會議時參考。

二、諾基亞執行長對投資人的承諾與執行力

諾基亞執行長（作者注：名字簡寫為ＯＰＫ）公開說過很多次，二〇〇八年的目標是市占率。若營收、獲利下滑，但市占率增加，則諾基亞對投資人的承諾也算是達到。但二〇〇八第三季是三率同時下滑，則其執行長的執行力必會引起投資者的疑慮。雖然第四季尚未公布，但以其殺價之急迫來看，恐怕還是三率下滑。營收、獲利下滑尚可歸咎於金融海嘯及景氣因素，但是市占率持續下滑，就無可逃避投資人的指責。職認為第三季市占率只同比下滑一％，第四季可能會擴大。

諾基亞執行長雖然採取了降價、搶低端、犧牲利潤等做法，結果仍然無法提升市占率。這不僅僅反映其執行力的問題，也反映其策略的錯誤。因此，總裁在二月二十六日與凱伊（Kai）見面的會議中，要指出殺價、降價、搶低端、擠壓其供應商的利潤等等策略是錯誤的。職認為以諾基亞的驕傲態度，二〇〇九年不會輕易認輸而改變做法，必定依舊是以增加市占率為目標。

諾基亞對於挽救營收與利潤的下滑，則寄希望在增加輕省筆電（Netbook）新產品，和增加服務及內容來改善。但是對於手機事業部來說，沒有新的策略，只能說是換湯不換藥的老套做法。

三、諾基亞提升市占率的策略與正確做法

（一）競爭力下降

總裁多次提及，集團賣的是速度、品質、技術、彈性和成本。諾基亞總以為成本是其市占率與競爭力下滑的唯一原因。因為其他四項都與管理與執行力有關，以諾基亞的驕傲，不會願意承認自己在管理、執行力上有缺失。只一意孤行降低成本的策略，不斷殺供應商的價。

（二）大陸白牌手機引起的骨牌效應

今天的諾基亞有點像五年前的德州儀器，德州儀器在當年面對聯發科的崛起，由於火沒有燒到後院（美國、歐洲的一級（Tier 1）手機品牌客戶），因此置之不理。德州儀器的主要目標客戶仍然是一級手機客戶。到了今天，聯發科雖然併了亞德諾（Analog Devices, Inc., ADI），仍然沒打入一級手機客戶。但是德州儀器在手機市場的市占率已由最高接近

七〇%掉到只剩五〇%，並尋求買主出售手機晶片組事業部。

為什麼呢？值得諾基亞深思，這就是骨牌理論下的擠壓效應。**聯發科搶了低端及大陸市場，逼得德州儀器其他競爭對手去搶一級及高端市場，因此，德州儀器被聯發科隔山打虎打敗了**。

今天諾基亞中國對大陸山寨機雖有了解，但訊息必然傳不到芬蘭。就像當年我在德州儀器亞洲位子上聲嘶力竭的拉警報，達拉斯總部卻聽而不聞。諾基亞總部的高層對山寨機的生態和競爭力並不了解，山寨機對諾基亞未來會造成什麼影響，更是茫然不知。

（三）今日手機市場競爭態勢

大陸白牌手機雖然已達到二．五至三億支的規模，但是對諾基亞的影響還是不直接、不明顯。諾基亞忽略了兩點：一是白牌手機已有三〇%是出口海外；二是白牌手機打到了摩托羅拉（Motorola）、索尼愛立信（Sony Ericsson Mobile Communications, SEMC）、三星、LG等一線及二線手機廠的中低端手機市場，於是這些手機廠（諾基亞的競爭者），紛紛轉戰其他市場，並擠壓到諾基亞的市場份額。

諾基亞第三季財報中提到這麼一段：

根據我們初步的市場估測，諾基亞二〇〇八年第三季度的移動終端市場份額是三八％，與之相比，二〇〇七年第三季度是三九％，二〇〇八年第二季度是四〇％。我們市場份額年度同比下降的主要原因是中東及非洲、大中國區、北美和歐洲的市場份額下降。

我們在亞太的市場份額年度同比基本持平，而在拉丁美洲有所增加。本季度市場份額低於上季度的主要原因是拉丁美洲、歐洲、中東及非洲和亞太的市場份額下降。我們在大中國區和北美的市場份額與上季度大體持平。

移動終端市場份額的下降有諸多原因，其中包括二〇〇八年第三季度我們策略性地決定不參與一些競爭對手的降價市場競爭、來自包括入門級市場在內的整個市場的競爭，以及由於一款中端產品推進較慢帶來的暫時性影響。

以上有幾點值得注意：

- 諾基亞在所有主要市場都失利，尤其是大中國區和歐洲。大中國區是白牌手機的直接受害者，但是歐洲是諾基亞的後院，居然也著火了。二〇〇七年第三季諾基亞在歐洲銷售兩千九百萬支，二〇〇八年第三季兩千七百四十萬支。這不是白牌手機造成的，而是間接擠壓到的。

- 諾基亞仍然搞不清楚市場份額下降的真正原因，是總體競爭力的下降和白牌手機的間接擠壓造成的，仍然以策略性放棄、暫時性影響來做理由。

但是諾基亞倒是承認一款中端手機和傳統競爭對手相比，產品推進較慢。如果與白牌手機的開發速度相比，諾基亞慢的何止是一款中端手機產品？

（四）諾基亞競爭力下滑的真因

如圖31-1所示，諾基亞競爭力的優先次序排列如下，而參考白牌手機的排列正好相反。

圖31-1

諾基亞		白牌手機	
1	品質	5	隨時間的推移會改變
2	技術	4	
3	成本	3	
4	彈性	2	不變
5	速度	1	

總裁二〇〇八年十月二十八日在土城與NX5開會時就預言到，白牌手機的品質提升至第三，壓過成本、技術之後，諾基亞就會開始擔心，但是到時候就為時已晚。總裁之

言，真的是一針見血。

姑且整理下表31-1，以便比較諾基亞與白牌之差異。

（五）諾基亞應有的策略

諾基亞應該學習白牌手機的競爭力，利用白牌手機的成功經驗，和白牌手機合作，兩頭擠壓諾基亞的競爭者——其他所有品牌手機廠商，此舉才能化危機為轉機。

與我司合作，建立模組化、標準化的mBOM（這點後面會說明）。這樣才能建立速度與彈性優勢，以快打快，才能做到即時上市（time to market）、即時上量（time

表31-1

	諾基亞	白牌手機
1品質	• 一流	• 2003年第一波中國品牌返修率>25% • 現用聯發科方案，人民幣400<10% 人民幣600-1000<5%
2技術	• 用客製SoC • 自己開發軟件	• 用聯發科的解決方案 • 天馬行空的創意，滿足小眾市場的需求
3成本	• 殺供應商的價	• 沒有IPR、VAT • 沒有overhead
4彈性	• 每年50-70款	• 500家以上的方案商 • 3000家以上的集成商 • 每年數千款手機推出
5速度	• 諾基亞北京6個月 • 諾基亞德國1年 • 諾基亞其他地區9個月	• 平均2.5個月 • 聞泰45天

to volume）、即時變現（time to money）。

四、集團對應諾基亞的策略

一、要強調我司真正懂白牌，所以建議總裁將華為所寫的一套「山寨機的藍海策略」，翻成英文版給凱伊看。可能的話，也可帶幾支諾基亞的高仿山寨機給凱伊看，並且告訴凱伊價格；同時點明諾基亞無論如何降價都低不過山寨機，所以光靠殺供應商價是沒有用的。

圖31-2

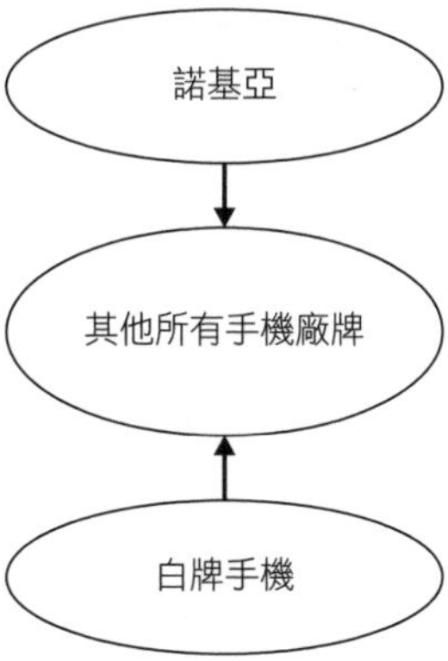

二、一定要總裁用「由上而下」（top down）的方式與凱伊或OPK談諾基亞贏的策略，即諾基亞已有的優勢加上山寨機的優勢，兩者由上下一起擠壓其他競爭者。

三、怎麼做呢？其實山寨機就是模組化、標準化，加上創新點子。敘述如下：

（一）總裁曾經多次提到電子產品的五個關鍵模塊，如圖31-3。我姑且借用總裁的理論，轉換成手機行業的模式，如圖31-4所示。

（二）機構材料

過去的手機廠商和晶片組廠商都專注在電子材料（下稱eBOM）的標準化及成本降

圖31-3

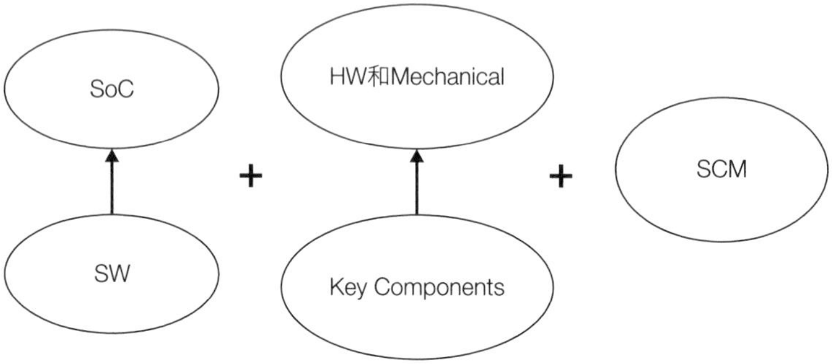
SoC
SW
+
HW和Mechanical
Key Components
+
SCM

圖31-4

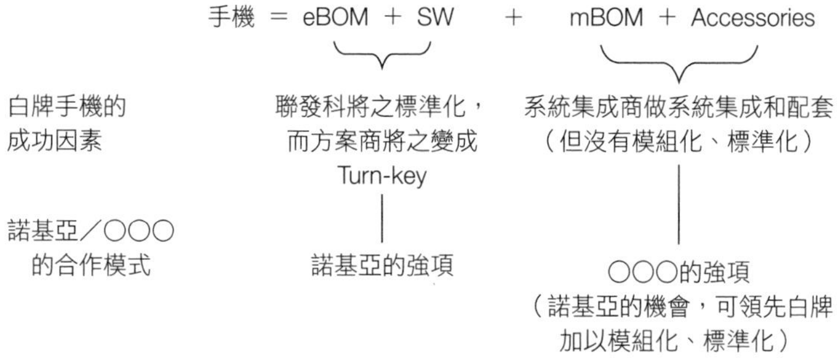
手機 ＝ eBOM ＋ SW ＋ mBOM ＋ Accessories
白牌手機的
成功因素
聯發科將之標準化，
而方案商將之變成
Turn-key
系統集成商做系統集成和配套
（但沒有模組化、標準化）
諾基亞／○○○
的合作模式
諾基亞的強項
○○○的強項
（諾基亞的機會，可領先白牌
加以模組化、標準化）

低，而忽略了機構材料（mechanical BOM，下稱mBOM）。eBOM創造了一個聯發科，mBOM可以打造一個新的集團。

mBOM = m（module，模組）+ e（enclosure，外殼）

這個理論還與總裁的eCMMS生意模式和策略一致。

如果我們今天還是光推銷集團的連接器（connector）、纜線（cable）、印刷電路板、天線（antenna）等零件則會很辛苦。應該往上走一步，變成模組，帶頭改變遊戲規則。這麼做還可以避免諾基亞的反彈及傷到諾基亞的驕傲。

其實總裁也提過，我們主要的目的是要靠零組件賺錢，PCBA及整機組裝只不過是一種不賺錢的服務。若我們可以控制諾基亞的mBOM，則我們的零件不僅可隨著內交（集團內部交付）進入聯合研發製造（JRDM）的整機生意模式，而且也可以銷到諾基亞的內部整機組工廠和其他外部代工廠商。我們的天空將更為寬廣，市場機會也會更多。

（三）六大模組

下頁圖31-5之六大模組，主要的零件我們都有，可以跟諾基亞做聯合研發製造，共同設計，標準化、模組化。在諾基亞的所有機種中大量使用，才有可能趕上白牌手機的彈性與

圖31-5

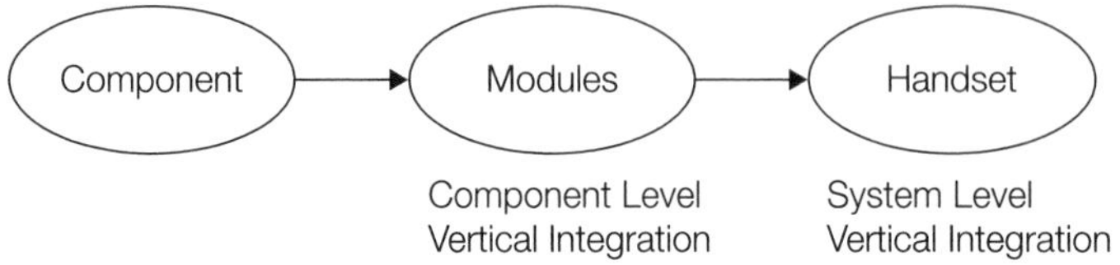

Camera Module	LCD Module	Input Device Module
• Camera	• LCD	• Key Pad
• Sensor	• FPC	• Dome Sheet
• Glass	• Connector	• FPC
• FPC		• Light Guide Film
• Socket		

Acoustic Module	Antenna Module
• Speaker	• Antenna
• Socket	• FPC
• Antenna (optional)	• Enclosure
• Vibrator (optical)	• Connector

Connector Module
• 海岸線光機電整合
• 機構整合：Power Charger、Audio Jack、Data Connector
• 同一個I/O接Y型Cable，一頭是Power，一頭是Data/Audio

Connector + ESD
Connector + Antenna
Connector + Light Guide

速度，同時達到經濟規模又降低成本，在mBOM上贏過白牌手機。

（四）手機外殼（enclosure）的外觀件已經由NX5在做。

（五）手機配件（accessories）正在由集團內的〇〇〇提案。

五、結論

以上策略其實是摘自總裁的多次講話，並予以整合而成。提供總裁制訂諾基亞因應策略之參考。主要重點總結如下：

一、諾基亞學習白牌手機的競爭優勢，與白牌手機上下兩頭夾擊其競爭者。

二、我司是白牌手機的專家，了解白牌手機的生態與成功因素。

三、建立白牌的彈性、速度和成本，就必須由模組標準化、規模化做起，在mBOM上超越白牌。

四、集團是mBOM的專家，是諾基亞二〇〇九年贏的策略夥伴。

五、要由上而下與凱伊談手機策略，如何讓諾基亞增加市占率的策略，避免殺價、降價的老套。

六、先與諾基亞談零組件的垂直整合，下一步再談系統的垂直整合。

以上

職
程天縱
二〇〇九年一月二十二日

簽呈後續

或許是因為我在上次與諾基亞執行長的會議中，意見沒有得到雙方的認可，使得我的老闆對我這些策略失去了信心，所以簽呈送上去以後就宛如石沉大海，毫無音訊了。我事後由其他事業群主管得知，老闆並沒有在簽呈上做任何批示，但是有轉發給幾個相關的事業群主管參考，如此而已。

我相信老闆並沒有跟諾基亞提我的策略建議，而諾基亞也沒有採取任何措施做改革。回頭再看看本文一開始提到的「觀念與改變」，只能在心裡唏噓一番。或許企業大了，這就是他們的宿命吧！

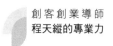

結論

一個好的業務，要完成一筆交易，一定要了解客戶對於這筆交易所採取的心態，通常離不開以下四種模式：

一、**困境模式（trouble mode）**：企業身處困境，必須找到解決方法脫離困境，回到正常運營的模式。

二、**成長模式（growth mode）**：企業營運正常，但是未來有更遠大的目標，所以必須有所改變，才能達到這個成長目標。

三、**平順模式（even keel mode）**：企業目前營運平順，所以對於任何改變的建議都採取中立心態，可以要，也可以不要。

四、**自負模式（overconfidence mode）**：企業的表現正處於巔峰，任何改變都有可能導致企業績效下滑，所以不要隨便搖晃我們的船，免得翻船落水。

如果你的客戶是「困境模式」或是「成長模式」的心態，那麼你交易成功的可能性非常高。如果你的客戶是「平順模式」的心態，那麼你可能徒勞無功或進展非常緩慢，因為他的日子過得太舒服了。你可以嘗試繞過他，到他的上級去，讓上級給他壓力，那麼他的心態就會改變，不是變成「困境模式」就是「成長模式」。如果你的客戶心態是「自負模式」，而你的客戶又正好是董事長或執行長，那麼你最好離開這個客戶，不要浪費時間，因為你交易成功的機會是零。

很不幸地，我在參加和諾基亞執行長的會議之前，並沒有機會接觸到他，所以不了解他是什麼樣的心態模式。如果事先知道這個執行長是如此自負，那麼在會議中我就不會提建議了。

諾基亞何其不幸，擁有處於「自負模式」的一個執行長和一群高層，難怪他們在滅亡之前還在說：「我們並沒有做錯什麼，但不知為什麼，我們輸了。」除了怪「世界變化太快」之外，難道諾基亞的這個經營團隊，真的沒有做錯什麼嗎？

如今，被鴻海收購的諾基亞品牌正力圖東山再起，現在看來，雖然隔了十年，我的策略在手機市場上來說還是有效的。鴻海能不能再看見這篇文章？能不能找到一個強而有力的團隊來執行？我希望他們能夠忘掉諾基亞的前世，聚焦在創造諾基亞的今生！

Chapter 3
企業使命

32 以「企業使命」定義自己的成就與目標

許多公司在簡介上都有一段「企業使命」，許多人可能以為，這都只是企業自我滿足的想像。然而並非如此，企業使命不僅是讓外界認識公司願景的途徑，更是企業或個人定義自我成就與目標的絕佳工具。

我在本書的頭四篇文章，談到了我如何在一家小貿易公司找到第一份工作，學會了許多業務工作的游擊隊技巧。直到我加入了台灣惠普公司之後，才真正登堂入室，學會了業務工作的正規軍作戰方法。對照一開始在小貿易公司自學的技巧，惠普公司就宛如一個博大精深的圖書館，加上有系統的各種培訓課程，令我讚嘆不已、而且深深著迷。

當我被公司晉升為第一線業務主管之後，對於惠普的管理制度、價值觀和文化更加有興趣。除了參加公司安排的正規培訓課程之外，還自己翻閱了許多惠普公司的發展歷史、技術與產品等內部資料。或許受到我在小公司三年工作經驗的影響，沒有念過MBA的我，居然會對惠普公司的使命產生極大的興趣。

今天，海峽兩岸的公司無論規模大小，在公司介紹中幾乎都會提到企業使命，這並不足為奇。可是在一九七〇、八〇年代，台灣的公司大多是中小企業，就算是規模大一點的企業，也很少提到企業使命。因此，我在看到惠普公司的企業使命時就特別好奇，仔細地翻找資料去研究，透過這些研究，我也學到了許多心得。

一個企業為什麼要有使命？使命有什麼作用？使命是怎麼來的？簡單地說：**使命就是用一段精簡的文字，嘗試去解釋企業追求的目標，以及存在的價值**。那麼，使命是說給誰聽的呢？

企業的利害關係人

有五種人對於一個企業的成敗非常關心，而企業的成敗也會對他們造成巨大的影響，所以，這五種人就被稱為企業的「利害關係人」（stakeholders），而他們就是企業使命的目標聽眾。這五種人就是：

- 股東；
- 員工；

- 客戶；
- 供應商；
- 政府。

任何一家企業，都必須讓這五種利害關係人清楚知道：

- 企業為什麼存在？
- 企業在做什麼？
- 企業的存在為產業、社會、國家帶來了什麼貢獻？

使命的構成

一九八〇年代初期，除了惠普公司的使命之外，我還特地找了幾家美國大企業的使命來做分析。總結歸納出來，使命當中一定會包含幾個重要元素，只要回答以下四個問題，就可以剪貼拼湊成企業使命：

一、產品或產業是什麼？
二、目標客戶或市場是什麼？
三、企業的主要增值活動是什麼？
四、企業存在的主要貢獻是什麼？

一九九二年之前的惠普公司使命

我在一九七九年初加入台灣惠普公司，當時惠普的主要產品事業部門包括：電子測試儀器、化學分析儀器、醫療儀器、迷你電腦系統、工作站和個人電腦。雖然惠普當時在美國也有許多PCB工廠、半導體晶圓廠、半導體零件廠，但是主要都是供應內部的儀器和電腦產品單位使用為主。

當時惠普的使命是這麼寫的：

設計、製造、銷售和維修高精密電子產品和系統，以蒐集、計算、分析資料，提供訊息作為決策的依據，幫助全球的用戶提高其個人及企業的效能。

從上面這一段惠普公司的使命之中，我們試著找出上述四個問題的答案：

一、惠普的產品：高精密電子產品和系統。
二、惠普的客戶：全球的用戶，包含個人及企業。
三、主要增值活動：設計、製造、銷售和維修。
四、主要貢獻：幫助用戶提高效能。

有的公司也會在其使命裡包含「核心競爭力」，所以從惠普的這段使命來看，可以加上第五點：

五、核心競爭力：蒐集、計算、分析資料，提供訊息作為決策的依據。

惠普的產品事業部門

令我讚嘆的是，惠普在這短短的一段使命陳述中，就清楚說明了惠普為什麼建立了這些「彼此看起來沒有很大關係」的產品事業部門。

- 電子測試儀器：從電子、電機設備裡蒐集、計算、分析資料，提供訊息給工程師作為決策的依據，這就是惠普公司的電子測試儀器產品。
- 醫療儀器：從人的身體裡蒐集、計算、分析資料，提供訊息給醫師們作為診斷的依據，這就是惠普的醫療儀器產品。
- 化學分析儀器：從我們所生活的環境、大氣、水、土壤等元素中蒐集、計算、分析資料，提供訊息給化學工程師們作為分析和判斷的依據，這就是惠普的化學分析儀器產品。
- 迷你電腦系統：從我們工作的企業和組織當中蒐集、計算、分析資料，提供訊息給管理者作為經營決策的依據，這就是惠普的迷你電腦系統產品。
- 個人工作站和電腦：從我們的家庭和個人工作當中蒐集、計算、分析資料，提供訊息給家庭或個人，作為計畫和工作使用的依據。

從這一段使命陳述裡，我們可以很清楚的知道，惠普不會去從事房地產、金融操作，或其他不是惠普核心競爭力所在的領域。

結論

在一九八〇、九〇年代，我有幸和許多在惠普公司工作了幾十年的老員工，聊起惠普的這一段使命陳述，雖然大部分老員工都對它耳熟能詳，但是都看不出其中有這麼多的奧妙。經過我的解釋和說明之後，他們才理解到惠普公司的企業使命，居然包含了這麼豐富的訊息，並且對於惠普公司為什麼存在、為什麼從事這麼多的產品事業領域，有了更清楚的了解。

其實，大至一個國家或企業集團，小至個別的組織機構、產品事業部、工廠、部門等等，其主管都可以嘗試為自己的組織單位，回答使命中的這四個（或是五個）問題，然後為自己主管的組織單位寫下一個使命。

我還嘗試建議過個人工作者或在企業基層服務的上班族，也可以為自己回答這些使命問題，然後為自己的工作崗位寫下一個使命。這個「個人使命」其實就是部門主管或人資部門，對於每個工作職位所寫的「職位說明書」（job description）。各位朋友，不管你是個人工作者、企業老闆、部門主管、白領藍領上班族，都可以試試，為你正在做的事情寫下自己的使命。

33 願景背後的權力該為誰服務？

如果一個企業沒有價值觀的話，就好像一個沒有靈魂的人。所以，任何一個組織或團體，沒有價值觀來凝聚的話，那會是一個什麼樣的情況？這就要從我的企業文化「洋蔥圈模型」來談起了。關於「洋蔥圈模型」的詳細討論，請參考我第二本書的〈核心價值觀與企業文化〉一文。

這個洋蔥圈模型適用於各種組織、機構和團體，大到一個國家、政黨，小到一個企業、學校或是家族，但是樣本人數要夠多，才能形成一個文化。

洋蔥圈的核心就是價值觀，往外一層就是策略與願景。

在任何組織裡，策略與願景都是由擁有權力的一小群人來制訂的，因此，**藏在策略與願景背後的，就**

圖33-1

企業文化的架構

是權力。

在商學院課程，或是探討價值觀與文化的管理書籍裡，很少會把權力和文化連結在一起，因為，權力都隱身在義正詞嚴的策略與願景背後。不論是任何政治體制或管理體制，能夠制訂洋蔥圈模型第二層策略與願景的人，一定是少數人，而且是握有權力與資源的少數。

權力的來源

人為什麼要受某個擁有權力（power）的人或機構的領導、約束？西方主流的「社會契約論」概念，在十七世紀由政治哲學家霍布斯（Thomas Hobbes）首先奠定〔其後的洛克（John Locke）、十八世紀的盧梭（Jean-Jacques Rousseau）也各自闡述〕，其指出在無政府狀態之下，因彼此競爭資源而爭權奪利、人人自危，因此人們為了保障個人利益、社會穩定和世代發展，立下契約，將權力交給唯一的權威：國家及主掌統治權力的政府。

就以交通規則的「路權」做例子，每個駕駛人放棄了在道路左邊行駛的權力，換取一套由公權力規範的交通法規（例如在道路右邊直行的權力）。在十字路口，當交通號誌燈顯示綠燈的時候，就有不必停止的行駛權力。而這個權力，則可以想成是由碰到紅燈的駕駛人放棄了行駛權力所換來的。

如果這個世界上只有一個人的話，那就沒有所謂「受權力所約束」的問題了，這個人愛怎麼樣，就怎麼樣。這個世界上因為有許許多多的人遵守政府的一套法規，願意受其約束，以換取個人權益的保障。因此，也可以這麼說：**領導人（如政府）的權力是個人所給予的。**

企業經營者之所以擁有「制訂策略和願景的權力」，也是因為企業員工為了個人利益，將這個部分的權力讓渡給企業經營者，並且自願服從企業經營層的管理與領導。在一個企業創立和成長的階段，權力掌握在創始人手裡。然而只要是人，總有離開的一天。要麼是第二代，要麼就是專業經理人接棒，而這些人都統稱為「企業經營者」，他們手中握有企業經營的權力。

權力為誰服務？

當少數人握有制訂企業方向、目標、策略與願景的權力時，這些少數人到底是為誰服務呢？要回答這個問題，我們就必須了解權力的本質。

當企業在初創時期，為了生存，大部分創業者都會宣稱「企業是為客戶服務」，所以，他們手中握有的權力，也自然是「為客戶服務」。但是，一旦企業成長茁壯為大型企業或跨國企業的時候，情況就會變得比較複雜了，即使口中仍然說是為客戶服務，卻往往變成了只是口號。

歐美企業的執行長往往以投資者為優先，因為只要兩三個季度的財報不理想、股價表現不佳，就會被董事會撤換掉。日系企業的執行長則普遍認為，企業應該為員工著想，因為日本仍然存在「終身雇用制」的企業文化，員工對企業的忠誠度並不會受到財報和股價的影響。而投資者卻會因為股價的上下波動，而將手上持有的股票賣出，毫無忠誠度可言。

在過去四十年的職場生涯裡，我有幸能夠認識許多台灣上市公司的創業老闆。雖然這些老闆們手中持有的股份，經過上市和不斷地稀釋之後已經不多，但仍然牢牢掌握著企業的經營大權。當老闆自己想要做什麼事情的時候，嘴裡會宣稱：「『我的公司』如何如何。」當自己不想要做什麼事情的時候，就會說：「我只是一家上市公司的老闆，我有十幾萬股東，你以為公司是我的？」

在創業初期，創業者總是會有一股理想和熱情，為了生存，當然是以客戶為導向。但是企業一旦發展壯大，尤其在上市以後，只要經營權仍然牢牢掌握在自己或家族的手裡，手中的權力就難免會變成「為自己服務」了。

權力的本質

權力永遠會為賦予、產生它的組織或團體服務。當一個企業經營的權力，掌握在特定或少數人的手裡，那麼這個權力就是由自己賦予自己，權力自然變成「為自己服務」。許多企業經營者剛愎自用、決策錯誤、形成一言堂的現象，更有甚者，發生內線交易和掏空公司的弊端，都源自企業權力為私人所用。

這個時候，投資者的利益只能靠政府監管機關立法來監督，而勞工的權利則只能靠勞基法和工會來保護。設立監事、獨立董事來加強公司治理評分、稽查內線交易，修訂公司法、一例一休、基本工資、加班上限等等，都屬於防弊措施，也都只是「打補釘」的辦法。這方面的討論，請參考我第二本書中的〈從根源解決問題，不要只「打補釘」〉一文。

當一家企業或一個社會的核心價值觀不見了，那麼企業弊端、社會動盪就會成為常態。只要企業文化「洋蔥圈模型」的核心消失了，躲在第二圈「策略與願景」背後的權力，就如同出閘的老虎般失去控制，任由掌握它的人為所欲為了。

惠普的故事

約翰．楊（John Young）生於一九三二年，擁有電子工程加史丹佛ＭＢＡ的學歷，一九五八年加入惠普，並在一九七八年接替惠普創辦人之一比爾．惠利特（Bill Hewlett，全名為William R. Hewlett）擔任執行長。楊承襲了惠普的傳統：高階經理人（executives）在六十歲當年就要退休，以便保持惠普經營管理層的年輕世代交替。所以，他在一九九二年就打算從內部挑選執行長的接班人選。

當時有兩個人選，第一位是早在一九六〇就加入惠普，開創了惠普印表機產品事業、當年五十五歲的迪克・哈克伯恩（Dick Hackborn）。哈克伯恩有策略、有遠見，相當受到惠普員工的尊敬，但因為他旗下宛如獨立王國般的印表機事業部，遠在位於愛達荷州的樹城（Boise），所以他很少來到位於矽谷的惠普總部。

另一位則是當時五十一歲的路易斯・普萊特（Lewis Platt）。他在一九六六年加入惠普，負責電腦系統事業部。他的第一份工作就是從惠普開始，是典型惠普科班出身的專業經理人。

最後的決定，是由惠普創辦人之一、當時仍然擔任董事長的大衛・普克德（Dave Packard）決定的。他在任命普萊特接任執行長之後，自己也在一九九三年九月退休，由普萊特接任董事長兼執行長。據說普克德做這個決定的主要因素，是認為普萊特更承襲了惠普的價值觀和文化。另外也有傳言指出，普克德原本決定讓哈克伯恩接任執行長，但哈克伯恩卻因為不願意搬離樹城，因此拒絕接受執行長職位，並於一九九三年九月提早退休，但仍然擔任惠普的董事。

普萊特的權力

普萊特生於一九四一年、歿於二〇〇五年，享壽六十四歲。他在一九六六年從華頓商學院取得MBA學位之後就加入惠普，從基層工程師幹起，最後在一九九二年成為惠普的執行長。他是典型由惠普文化培養出來的專業經理人，為人謙和、低調、誠信、堅持原則，並且有著做事直率的工程師性格。

一九九〇年代，惠普的電腦和印表機業務在他的領導之下發展迅速，但是在九〇年代末期，他個人卻承認自己對於網際網路的興起認知太晚，因此沒有提早做好準備，使得惠普在網路領域的發展落後於同業。於是，普萊特在正當五十七歲的壯年時引咎下台。

之後，董事會透過獵頭公司找到了當時在通訊設備大廠朗訊（Lucent）上班的卡麗・菲奧莉娜（Carly Fiorina）來擔任普萊特的接班人，並且成為惠普有史以來第一個從外部空降的執行長。在菲奧莉娜加入惠普的初期，普萊特不僅給予全力支持，也希望她帶來創新的想法，領導惠普進入網路領域。

沒想到，菲奧莉娜在二〇〇二年進行了具有巨大爭議性的康柏電腦（Compaq）併購案。普萊特認為，這個併購案將會更快、規模更大地把惠普帶進已經競爭激烈，而且利潤微薄的個人電腦紅海市場。因此，他毅然決然地在董事會中，帶頭反對他當初協助扶持的菲奧莉娜，並導致後者在二〇〇二年黯然下台。

另外，普萊特在二〇〇五年（也就是他過世的同一年）擔任波音公司的非執行董事長時，接到一件匿名投訴，指出擔任波音公司執行長的哈利・史東希佛（Harry Stonecipher）與公司女性高層發生婚外情。普萊特立刻展開調查，並在史東希佛承認屬實之後要求他主動辭職。普萊特對波音內部員工表示：「執行長的行為違反了波音公司的行為準則（code of conduct），也反映了錯誤的判斷能力，所以不能夠繼續領導波音公司。」

由這些例子可以看出來，普萊特手中握有極大的權力，但他手中的權力是為企業的「價值觀」服務的，而不僅僅是為了客戶、投資者以及員工服務。簡言之，「價值觀」就是他信仰的核心、原則，以及底線。

總結

企業應該為客戶、投資者、員工著想，為五類利害關係人（客戶、投資者、員工、供應商、政府）創造價值。但是這些利害關係人，會因為科技、環境、競爭、時間而改變，唯有企業的核心價值觀是不變的。

企業經營者手中的權力，應該要為企業的價值觀而服務，因為權力的本質就是：「權力」

永遠為「賦予」它或是「產生」它的組織或團體服務。

今天台灣社會的亂象，不也是因為「核心價值觀」的消失而造成的嗎？當政黨的核心價值觀消失了以後，洋蔥圈模型第二層的「執政」和隱藏在背後的「權力」就成為政黨唯一追逐的目標了。美國雖然也有民主和共和兩黨，但是碰到美國核心價值觀問題時，競爭的兩黨也會攜手合作，因為核心價值觀是美國成為一個國家的根本，是不可動搖的基礎。

在一黨專政的政治體制下，最高領導的權力來自於政黨的賦予，因此手中握有的權力，自然是為賦予他權力的政黨服務。在這種一黨專政的體制下，想要做到「為人民服務」，除非要把「人民」擺在核心價值觀當中。但是，只要人有私心存在，談何容易呀？

34 好的經營者必須能預見未來

企業經營者必須具有「看穿水晶球的能力」，要能夠預見未來的趨勢和潮流。如果企業只活在過去的成功裡，忽略了將來的變化，或遲遲無法改變因應，惠普錯失良機就是一個活生生的例子。

我在前文〈以「企業使命」定義自己的成就與目標〉裡提到，惠普在一九九二年之前的企業使命是「設計、製造、銷售和維修高精密電子產品和系統，以蒐集、計算、分析資料，提供訊息作為決策的依據，幫助全球的用戶提高其個人及企業的效能。」

為什麼是「一九九二年之前」？一九九二年惠普公司發生了什麼事？一九九二年以後，惠普的企業使命改變了嗎？為什麼這麼好的企業使命，需要被改變？這些問題的答案，就是本篇文章的重點。

新人新政

我在上一篇文章〈願景背後的權力該為誰服務?〉中提到，一九九二年惠普執行長約翰・楊年滿六十歲，承襲了惠普經營層年輕化的良好傳統，宣布退休，由時任董事長的創辦者之一普克德先生指定普萊特接任。

當年惠普為了鼓勵包括執行長在內的經營高層在滿六十歲退休，提供了長達五年的半薪福利，以保持經營管理團隊的年輕化。至於一般員工則沒有強制六十歲退休的機制。

普萊特接任執行長後的第一件事，就是委託麥肯錫顧問公司（McKinsey & Company）重新審視惠普公司原有的企業使命，並且再建構一個新的企業使命。這項花費數百萬美元的新企業使命探討行動中，包括訪問了數百位惠普中高層管理人員，以了解他們對公司現況、未來發展前景的看法，以及對產業、產品、技術的趨勢預測等等。

惠普新的企業使命

經過長達四、五個月的訪問、談話、整理之後，麥肯錫得到了董事會和經營管理層的同意，提出了惠普新的企業使命：

創造（create）資訊產品（information products），以便加速人類知識的進步，並且從本質上改善個人及組織的效能（effectiveness）。

我們依舊用構成企業使命的四個問題，來檢驗這一段花費不菲、新的企業使命，這四個問題分別是：

一、產品或產業是什麼？
二、目標客戶或市場是什麼？
三、企業的主要增值活動是什麼？
四、企業存在的主要貢獻是什麼？

而從新的企業使命中可以找到：

一、惠普的產品：資訊產品。
二、惠普的客戶：個人及組織。
三、主要增值活動：創造。

四、主要貢獻：加速人類知識的進步。

五、核心競爭力：從本質上改善效能。

什麼地方改變了？當我看到這個新的惠普企業使命時，我也很驚訝；短短的這一段文字，就要花費惠普數百萬美元，值不值得呢？為了溝通這一段短短的企業使命，麥肯錫準備了一本小冊子，對於新的企業使命裡面的每一個英文字，都做了詳盡的解說。

首先，產品由原來的「高精密電子產品和系統」變成了「資訊產品」，這也是惠普企業使命改變的最關鍵原因。因為惠普誕生於電子時代的初期，當時世界已經由電子時代進入了ＩＴ時代，而原來的企業使命已經不足以表達惠普的技術、產品，以及存在的使命。

在新的企業使命裡，電子測試儀器產品可以解釋為「為電子電機工程師準備的資訊產品」，而醫療儀器產品則是「為醫師們準備的資訊產品」，化學分析儀器則是「為化學工程師們準備的資訊產品」。至於迷你電腦系統、個人工作站和電腦、印表機等等，就完全是「ＩＴ產業的資訊產品」了。

第二個值得注意的改變，是在增值活動部分，由原來的「設計、製造、銷售和維修」，變成了「創造」。隨著產品和技術由電子儀器轉向ＩＴ產品，生產製造也由「少量、多樣、高單價」轉向「大量生產和低價」的消費類ＩＴ產品，所以其間的價值創造也有很大的不同。「創造」代表了原創、不山寨、不複製、不併購，要自我研發找到差異點，以便在大量、低價的紅海市場創造價值。「創造」取代「製造」也代表了不必自己生產製造，可以透過代工生產來降低資本支出和風險。

第三個重大的改變是在對世界的貢獻部分，從「為用戶提高效能」，改變為「加速人類知識的進步」。充分反映出，從「動能產品」轉向「智能產品」的科技潮流（詳細介紹請看我第一本著作《創客創業導師程天縱的經營學》中，〈「產品4.0」時代：日本再興起的機會〉一文）。

惠普公司電子時代的核心競爭力，在於電子技術：信號蒐集、分析、計算和處理；而在IT時代的關鍵技術則是數據分析與處理，以便在變動環境中提高效能。在不同的時代，必須培養不同的核心能力和核心競爭力。

企業使命的變與不變

企業使命說明了一個企業為什麼存在，但環境會改變，科技會進步，因此，企業使命不能夠一成不變。位在洋蔥圈模型第二層的企業使命和願景，都應該隨著時間、環境、競爭而改變（如圖34-1）。

事實上，ＩＴ時代早在一九八〇年就揭開序幕了；但是到了九〇年代初期，惠普仍然生存在美好的電子時代。雖然惠普在產品方面很早就多角化，進入了迷你電腦系統、個人電腦、繪圖機和印表機等領域，但並不是因為預見了ＩＴ時代的來臨而提前布局。

惠普在一九七〇年代初期就進入電腦產品領域，主要是為了整合電子測試儀器設備，以便成為一個完整系統，如此一來就需要一個電腦控制中心，以連結不同的儀器設備。雖然惠普於一九八〇年就研發並推出個人電腦，但是卻將產品定位為迷你電腦系統的終端，與競爭對手的產品互不相容，因而錯失成為個人電腦霸主的機會。

同樣的故事又發生在印表機上：惠普一九八五年推出的雷射印表機，以及一九八六年推出的噴墨印表機，剛開始時都定位為「自有終端的周邊設備」，所以只能夠連結自己的個人電腦，而不能夠連結其他品牌的個人電腦。

幸好惠普很快地了解到，個人電腦和印表機本身的市場，遠遠大於電腦系統及終端的市場，所以迅速採取措施，改變戰略，才確保了今天在印表機市場的霸主地位。

圖34-1

企業文化的架構

錯失網路時代

惠普在一九九二年才改變企業使命，宣示惠普由電子時代進入ＩＴ時代，可惜為時已晚。一九九〇年代初期，高科技的潮流已經從ＩＴ時代走向網路時代，而惠普才剛剛從電子時代轉型進入ＩＴ時代。由於忽視網路對世界帶來的巨大改變，惠普錯失良機，也導致了普萊特於一九九九年引咎下台，並從外部找來了當時在朗訊負責行銷的菲奧莉娜接任執行長。

遺憾的是，菲奧莉娜明顯不是惠普期待的領導，不僅沒有將惠普帶進網路和行動網路時代，反而加碼併購康柏電腦，將惠普加深加速投入ＩＴ時代的個人電腦產業，令惠普與網路時代的科技與產品越行越遠。

雖然惠普後來把儀器和電腦分家了，最近又將電腦的企業產品和消費產品分家，以便專注在各自的核心競爭力和目標市場，但是已經積重難返，無法脫離硬體產品的包袱、轉型為網路企業了。

結論

一、企業使命怎麼寫並不重要，企業使命只是一個結果和工具，主要是用來和五種利害關係人溝通，讓他們了解企業為什麼存在。重要的是，企業經營者有沒有深思考慮企業使命所提出來的四個問題？是否了解自己的核心能力和核心競爭力？

二、企業經營者必須具有「看穿水晶球的能力」，要能夠預見未來的趨勢和潮流。如果企業只活在過去的成功裡，忽略了將來的變化，或遲遲無法改變因應，惠普錯失良機就是一個活生生的例子。

三、普萊特得以在一九九二年成為惠普的執行長，主要是因為洋蔥圈模型的核心更符合惠普價值觀。而導致他一九九九年下台的主要原因，則是因為他在洋蔥圈模型的第二層「策略與願景」的疏失，沒有抓住網路的商機。

四、再次強調，企業要能夠做到基業長青，永續經營，必須同時做好三件事：策略、管理、價值觀與文化。

本文藉著解析惠普的企業使命，讓朋友們了解策略對企業的影響；也要強調的是，對企業經營者來說，「預見未來」絕對是不可或缺的能力。

35 大企業也要切忌「貪多嚼不爛」

「貪多嚼不爛」通常是新創企業的毛病，但在跨國企業仍然會發生。企業進入多角化的產業領域，往往產品和客戶都太發散、太廣泛，沒有聚焦，更重要的是，從企業使命中找不到「核心競爭力是什麼」。

一九九七年初，由於種種原因，我開始有了離開惠普另闢跑道的念頭。基於我的「下殘局，抬轎子，不加入競爭對手」三個專業經理人基本原則，所以我的下一個工作對電腦公司、儀器公司都不予考慮。

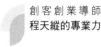

改變跑道

這時，名列全球半導體產業大廠之一的德州儀器，透過獵頭公司找上了我，希望我擔任亞洲區總裁。經過仔細了解以後，我發覺德州儀器給獵頭公司的指示非常有趣：他們不要別人，指名只要找我。這讓我想到了千里馬與伯樂的故事（請參考本書前文〈如果你是千里馬，第一件事情應該是先了解伯樂〉）。

我不禁好奇地問獵頭公司：為什麼德州儀器不直接找我，而要透過獵頭公司？原來，惠普公司是德州儀器的主要客戶之一，基於商業道德原則，德州儀器不能直接和客戶的人員私下接觸，或是招聘客戶的員工。

在雙方談判期間，除了我的年薪福利、工作地點之外，我提出了一個比較少見的條件：加入之後，我希望在德州儀器的總部，也就是美國德州的達拉斯先工作半年，以便了解公司的技術、產品、組織、決策過程等等。同時，我也可以藉由這個機會認識經營管理層的主管，然後才回到亞洲就任我的新職務。

高處不勝寒

從一九八八到一九九七年的十年期間，我的海外派駐身分，讓我有機會認識了許多歐美企業的亞洲區總裁，其中不乏跨國企業在亞洲招聘的菁英人士。但是，這些在當地外聘的亞洲區總裁，往往在短時間內就陣亡了。

我找了幾個快速陣亡的朋友聊天，並且仔細分析了他們的情況，原因不外乎以下幾個：

一、對於新加入的歐美公司，不了解其價值觀和文化，因此難免會發生不符合公司規範，甚至潛規則的做法。

二、工作地點遠離總部，不了解總部的核心權力運作，再加上「朝中無人」，一旦出了問題，沒有人撐腰緩頰，往往小事就變大事了。

三、由於是外部空降，一上來就擔任亞洲區最高主管，所以亞洲區的所有屬下都把他們當老闆看，沒有人會把這些亞洲區總裁當作同事看待，所以不會主動幫這些新老闆的忙。

四、這些外部空降的主管，在不清楚狀況之下就急於表現，希望向新公司證明他們的能力，雖然是「新官上任三把火」，但出錯的機會也大大增加了。

言歸正傳，後來德州儀器接受了我要求在總部工作半年的條件，於是我舉家從北京搬到了達拉斯，步上在德州儀器的這條新跑道。

德州儀器的傳奇執行長

在達拉斯工作的半年期間，我特別注意研究了德州儀器的歷史、企業使命、願景、技術、產品、財務表現等等的歷史文件。

當時指定招聘我的，是德州儀器的傳奇人物：執行長湯馬斯．延吉布斯（Tomas Engibous）。他出生於一九五三年，一九七六年從普渡大學碩士畢業之後，就加入德州儀器擔任研發工程師。我聽許多德州儀器總部的老同事跟我說，延吉布斯加入公司沒幾年，還是個基層主管時，大家就認定他將來會是領導德州儀器的執行長。果不其然，他在一九九六年就登上了德州儀器的執行長寶座；一九九八年起擔任董事長兼執行長，直到二〇〇四年四月以僅僅五十二歲的年紀從德州儀器退休。

延吉布斯在退休之前的一九九九年，就開始擔任總部同樣位於達拉斯的潘尼百貨（J. C. Penney）——美國最大連鎖百貨公司之一——的董事，並在退休後的二〇一二至二〇一五年擔任該公司董事長。

延吉布斯與台灣的密切關係始於二〇〇九年六月，當時他應張忠謀邀請擔任台積電獨立董事，直到今天。

一九九六年德州儀器的變革

延吉布斯在加入德州儀器以後一帆風順，從基層研發工程師一路晉升到執行副總裁兼半導體事業部總裁。一九九六年，當時的執行長傑瑞・詹金斯（Jerry R. Junkins）在歐洲出差時因心臟病發突然去世，於是董事會決議由延吉布斯接任，當時他只有四十三歲。

延吉布斯上任的第一件事情，就是請外部的第三方顧問公司，為德州儀器的過去十年（一九八六至一九九五年）做了一次財務診斷。當時採用了一個很少見的財務指標，叫做「市值營收比」（market cap to revenue ratio），也就是以年底時的股價算出整個公司的市值，再除以當年的全年營業收入，來得出一個百分比。在這十年當中，德州儀器的市值營收比一直維持在七〇%左右。簡單的解釋就是，當公司的營收增加一美元的時候，投資者認為只值七毛錢，這就是「市值營收比七〇%」背後的意義。

在一九八六到一九九五的這十年當中，德州儀器在「多角化經營」的策略下，進入了許多產業領域，包含迷你電腦系統、筆記型電腦、企業應用軟體、電腦客製化製造、掌上型教育計算器、傳感器（sensor）和控制器、國防軍工、半導體等等，但是大部分的產品領域都排不進世界前十大。

顧問公司用線性回歸（linear regression）的模型，來分析市值營收比和營收成長率、獲利成長率的密切關係。在這些產品領域裡，只有半導體產業的未來成長最可預期，而且許多半導體公司甚至有三〇〇%到一〇〇〇%的市值營收比。

因此，延吉布斯在就任執行長以後，就利用這些財務及產業分析數據說服了其他事業部總裁，這些總裁不但年紀比延吉布斯大上許多，而且都是公司董事會的成員。但延吉布斯仍然把他們的事業部賣掉，將德州儀器轉型為一個專注於半導體的跨國大企業。在二〇〇〇年時，德州儀器已經成為全球知名的半導體公司，尤其在總值四十四億美元的數位訊號處理器（digital signal processor, DSP）全球市場，擁有一半以上的市占率，如此一來，也讓德州儀器的市值營收比超過了五〇〇%。

德州儀器在一九九六年前的企業使命

成立於一九三〇年的德州儀器，到一九九五年淪落到多角化產業領域，而且市值營收比只有七〇%。這是怎麼造成的呢？讓我們來看看一九九六年之前德州儀器的使命是怎麼說的：

> 德州儀器存在的目的，在於研發、製造和銷售有用的產品及服務，以滿足全球客戶的需求。

讓我們用企業使命的四個問題來檢驗這段企業使命：

一、德州儀器的產品是什麼？「有用的產品和服務」；
二、目標客戶是誰？「全球客戶」；
三、主要增值活動是什麼？「研發、製造和銷售」；
四、企業存在的主要貢獻是什麼？「滿足需求」。

由以上的企業使命分析，就可以看出端倪：德州儀器之所以進入多角化的產業領域，其來有自，產品和客戶都太發散、太廣泛，完全沒有聚焦。而且最重要的是，從企業使命中找不到「核心競爭力是什麼」。

結論

德州儀器原來的使命，正應了我們的一句老話：貪多嚼不爛。這通常是新創企業的毛病，沒想到跨國大企業也會有這種現象。

延吉布斯以四十三歲之齡擔任德州儀器的執行長，啟動了這個當年六十六歲老企業的變革，成功將這個多角化經營的集團企業，轉型為專注於半導體的全球知名企業。同時，他也將維持了十年的市值營收比，在短短四年裡從七〇%提升到五〇〇%以上，為企業執行長所能帶來的變革和影響做了最好的例子。

延吉布斯就任執行長以後，改寫了德州儀器的企業使命與願景，這個部分會在下一篇文章中分享。

36 聚焦、願景、領先：德州儀器的第一次變革

通常我們閱讀一本書，都是從第一頁開始看到最後一頁。經營企業正好相反，我們必須先把最後一頁寫好，然後盡我們所有的力量，從第一頁開始做起，直到達成我們寫下的最後一頁。

一九九六年，德州儀器在事業經營上遭遇了亂流。首先是半導體價格崩跌，導致淨利潤大幅度下滑；其次是當時的董事長兼執行長詹金斯又驟然離世。此時董事會的兩位副董事長只好接手，負擔起挑選董事長和執行長的責任。

首先，董事會推選曾經擔任西南貝爾通訊（SBC Communications）集團總裁，當時在德州儀器擔任獨立董事的詹姆士・亞當斯（James R. Adams）擔任董事長。同時，董事會也一致通過，大膽拔擢當年才四十三歲的半導體事業群總裁延吉布斯，擔任德州儀器的執行長。

在當年的高科技產業中，德州儀器被公認是一家非常保守而且謹慎的企業。前執行長詹金斯是位好好先生，處事圓融；而新任的延吉布斯擁有完全不同的性格：旺盛的企圖心、高度自信、決策果斷、目標導向、強力領導。

延續上一篇文章〈大企業也要切忌「貪多嚼不爛」〉所提到的，延吉布斯上任的第一件事情，就是請外部第三方顧問公司，為德州儀器的過去十年（一九八六至一九九五年）做了一個財務診斷。延吉布斯利用這些財務及產業分析數據，說服其他事業部總裁把他們所屬的事業部賣掉，將德州儀器轉型成為一個專注於半導體的跨國大企業。

新的企業使命

在這一番組織變革之後，延吉布斯提出了德州儀器新的企業使命：

成為網路社會數位解決方案的全球領導者。

讓我們再次用企業使命的四個問題，來檢驗這段新的德州儀器企業使命：

一、德州儀器的產品是什麼？「數位解決方案」；
二、目標客戶是誰？「網路社會」；
三、主要增值活動是什麼？「成為」；
四、企業存在的主要貢獻是什麼？「全球領導者」。

這一段新的企業使命，雖然只有短短的十八個中文字（英文原文字數也很少），卻包含了許多科技趨勢和重要策略。

延吉布斯認為，網路時代已經到來，未來將是一個數位化的世界，所有的事物都會被網路所連結，所以，德州儀器半導體的客戶們將會需要數位解決方案，為未來的網路世界研發新的科技產品。德州儀器不僅僅需要從一個多角化產品的集團，轉型為聚焦在半導體技術和產品的跨國企業，而且必須整合半導體、軟體和系統，成為一個提供數位解決方案的全球領導者。

在主要增值活動部分，德州儀器選用了一個詞：「成為」（become），而不用傳統的「研發設計」、「生產製造」、「行銷」等等用詞。主要的核心意義，在於必須採取各種手段（whatever it takes），包括剝離（divest）不符合新企業使命的現有產品事業、併購或策略性投資，另一方面，則引進新的企業使命所需的技術、軟體、產品、系統等外部公司。

歷史上著名的願景

對於企業使命和願景，我看過許多不同的定義和說法，但是，以我在惠普和德州儀器多年的實務經驗和研究，我有自己的看法，藉這一系列文章和讀者們分享。

有關企業使命的定義和構成，我在〈以「企業使命」定義自己的成就與目標〉一文中已經解說得很清楚了。可是，企業使命畢竟是一段文字敘述，給人的感覺比較硬。在激勵士氣、鼓動人心方面，總是讓人感覺不夠強烈。因此就需要願景來補足。我對願景的看法和定義如下：

「願景」就是「使命」達到的那一天，我們所能看到的，生動活潑的、你我都在內的那一幅景象。

所以說，願景是需要被描述的，描述得好，就可以感動人心，具有很強的說服力。

在歷史上有兩個案例，是經常被MBA和商學院拿來做願景的個案教學。其一是美國約翰．甘迺迪總統（John F. Kennedy）一九六二年九月十二日在萊斯大學（Rice University）發表，提到「我們決定上月球！」（We choose to go to the moon!）的演講。

一九六〇年代初期，美國面臨蘇聯太空計畫領先的局面，一時人心惶惶。當時的總統甘迺迪決心扭轉局勢，於是設定了「十年內登陸月球」的願景。在萊斯大學的這場演說，對美國的民心士氣起了很大的鼓舞作用。「我們決定上月球！」的願景句子，在甘迺迪總統演講中有畫龍點睛的效果。雖然甘迺迪總統在一九六三年遇刺身亡，但是他的願景在一九六九年七月二十日，也就是阿波羅十一號（Apollo 11）太空人登陸月球的那一刻，終於實現。

另外一個例子，就是美國黑人民權領袖馬丁・路德・金恩（Martin Luther King, Jr.）博士，於一九六三年八月二十八日下午在華盛頓「為就業與自由遊行」的集會中，於林肯紀念堂發表了著名的演說「我有個夢想」（I Have a Dream）。在演說當中，「我有個夢想」的主題句子不斷重複出現。這場演講，促使美國國會在隔年通過了《一九六四年民權法案》（Civil Rights Act of 1964），宣布所有種族隔離和歧視政策都是違法的，自此之後，結束了美國長年以來的種族隔離政策，金恩博士的願景得以實現。同年，他獲頒諾貝爾和平獎。

德州儀器的新願景

德州儀器新執行長延吉布斯在一九九六年推出新的企業使命時，也跟全體員工溝通了德州儀器在網路時代企業使命達成時的願景。他說：「我們期望，在未來的世界，每一個位元、每一個傳送的訊息，以及每一幅投影的圖像，都有德州儀器技術的參與。」

德州儀器於是專注在半導體產業，並且在數位訊號處理和數位光學處理（digital light processor）的技術方面都領先全球。如今，回頭檢視這一段願景陳述，在網際網路和行動網路時代的今天，這個願景是不是彷彿生動地出現在我們的眼前？碰觸到我們每一個人的工作、生活、學習和娛樂？

結論

任何組織的變革，要從一位強而有力的領導人開始，他必須能夠掌握科技的趨勢，預見未來的世界。國際電話電報公司（ITT）前執行長哈洛德．季寧（Harold Geneen）在退休後所寫，於一九八四年十月出版的管理經典《季寧談管理》（*Managing*）一書中提到：「通常我們閱讀一本書，都是從第一頁開始看到最後一頁。經營企業正好相反，我們必須先把最後一頁寫好，然後盡我們所有的力量，從第一頁開始做起，直到達成我們寫下的最後一頁。」而企業使命和願景，就是企業經營者為他的企業所寫下的最後一頁。

37 泡沫、脫困、再造：德州儀器的第二次變革

本文講述德州儀器二〇〇八年新執行長李察．譚普頓（Richard Templeton）再次改變企業使命與經營方針，藉由透徹了解產業風向來改善企業體質與結構，讓該公司逐漸攀升，在二〇一七年繳出了最精采的成績單。

德州儀器從一九九六年開始第一次變革，進行企業集團的改造。根據公司內部統計，德州儀器在一九九六到二〇一二年之間，總共併購了三十三家公司，賣掉了十八個產品事業部。這些組織重整的行動，大部分發生在延吉布斯從一九九六到二〇〇八年擔任執行長和董事長的期間。

由於出售了許多沒有競爭力的產品事業，併購了許多有價值、有技術，但是營收不大的小企業，因此整體營收不增反降。從調整後的淨利來看，一九九八年達到四．五億美元，一九九九年為一四．五億美元，二〇〇〇年更飆升到三〇．六億美元。此後股價隨之飆漲，市值營收

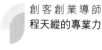

比也首次突破了五〇〇%。

網路泡沫破滅的衝擊

美國在二〇〇〇年出現了經濟衰退，罪魁禍首正是網路泡沫化，道瓊工業平均指數（Dow Jones Industrial Average）在該年四月十三日暴跌六百二十八點，六%的市值瞬間蒸發，引發市場震撼。

二〇〇〇年下半年，美國經濟結束了一九九一年三月以來長達十年的高速成長期，步入低速成長的階段。而二〇〇一年突如其來的九一一事件，更再次重創了消費者和投資人的信心，導致美國經濟加速滑落。在這次網路泡沫化和經濟衰退中，受創最大的除了網路公司以外，就是像思科這類的數位通訊公司，以及半導體產業。

由於半導體產業屬於上游零組件，所以在網路泡沫化發生時還有個滯延效應，所以直到二〇〇一年才開始發酵。即使是德州儀器、意法半導體（STMicroelectronics）等底子深厚的半導體公司，也在二〇〇一年第三季出現了虧損。為了因應經濟衰退，半導體業者節制資本支出，導致全球半導體產業二〇〇一年的成長率為負三二%。當時我的直屬老闆、時任執行副總裁兼半導體事業部總裁的譚普頓說了一句令我印象深刻的話：「天底下沒有任何東西，會比一座閒置不用的十二吋晶圓廠更昂貴。」營收下滑、產能閒置，正是造成虧損的主要原因。

關於譚普頓

延吉布斯在德州儀器的職涯發展中，一直有一位得力助手與他同行，而這位助手也是延吉布斯一路培養的接班人。

一九五九年，譚普頓出生於紐約近郊一個並不富有的普通工薪家庭，父親是任職於ＩＢＭ的工程師，母親是位小學老師。譚普頓在一九八〇年從聯合學院（Union College）電機工程系畢業以後，就直接加入了德州儀器，擔任半導體產品業務工程師。他受到延吉布斯的賞識，也一路跟隨晉升，一九九六年六月成為資深副總裁，兼任半導體事業部總裁。

二〇〇四年五月，譚普頓接任執行長，二〇〇八年四月，延吉布斯再將董事長職位交給前者，自己完全退休，離開德州儀器。從此之後，開啟了譚普頓的時代。

德州儀器的第二次變革

在網路泡沫化之後，德州儀器的股價從九十多美元跌至最低十幾美元。雖然靠著行動通訊和手機產業的發展，半導體營收在二〇〇五年慢慢回復到一百二十億美元的規模，營業利益（operating profit）也達到二十八億美元。但同時延吉布斯和譚普頓也很快了解到，手機進入紅海市場已經是不可避免的趨勢。

在行動網路的後手機時代，迎來的是物聯網，這也將是各種終端設備爆發的時代，智能穿戴、智慧家庭、智慧城市、智慧工廠、服務機器人、無人機、無駕駛汽車等「物」的出現，多不勝數。

這時，如果我們回頭檢視德州儀器一九九六年的企業使命：「成為網路社會數位解決方案的全球領導者」，就會發現由於終端設備的種類繁多，使得全面性的「數位解決方案」變成一個不可能實現的願景。

真實世界與虛擬世界

在我們生活的這個真實世界中，諸如聲、光、影、溫度、震動之類，許多訊號都是類比（analog）的形式，但類比訊號容易受到雜訊影響，導致失真或衰減，難以處理、保存和傳遞。因此，人類發明了數位技術來克服這些困難，創造了網路虛擬世界和各種智慧產品。但是，所有的虛擬世界產品仍然要回到真實世界，消費者才能夠感受、體驗得到。

半導體產品可以簡單歸納為數位晶片和類比晶片兩大類。數位晶片主要是用來處理、運算、儲存數據，而類比晶片則是用在數位和類比訊號之間的轉換、放大、發射、傳遞等應用。

數位訊號與類比訊號

由於數位晶片是由電晶體開關，也就是俗稱「〇跟一」構成的，所以在積體電路（integrated circuit, IC）設計時容易複製和模組化，同時透過製程技術的進步，體積也不斷縮小，因而有了所謂「摩爾定律」的出現。半導體製程技術的進步，讓數位晶片的運算速度不斷提升，成本不斷下降，然而，這也導致數位晶片的產品生命週期越來越短。

由於投入開發數位晶片的廠商越來越多，在眾家都追求規模、效率、功能、成本競爭力的情況下，產品毛利越來越低，但研發投入越來越高，使得這個市場對德州儀器而言，也越來越不具吸引力。

另一方面，由於真實世界的類比訊號源千變萬化，處理的複雜度也遠遠高於「〇跟一」，導致產品種類繁多，而且難以取代。因此，類比技術反而不受摩爾定律的制約，而且更小的類比晶片未必是好。此外，類比線路的設計難度又特別高，一旦設計完成，電子產品線路設計工程師都很不願意再去更改，所以類比晶片的產品生命週期特別長。也因為如此，雖然類比晶片的市場規模和數量沒有數位晶片大，但是毛利率卻高多了。

新的企業使命

譚普頓在二〇〇八年四月接手，成為德州儀器的董事長、執行長、總裁，也承接了改變德州儀器策略的重責大任。於是他推出了新的德州儀器企業使命：

隨著每一個晶片的產生，我們正在改變世界。我們的類比和嵌入式處理產品，帶動了電子產品在各行各業的發展，同時也使世界更加聰明、安全、環保、健康，並為我們的生活增添更多樂趣。

讓我們再次用企業使命的四個問題，來檢驗這段新的德州儀器企業使命：

一、德州儀器的產品是什麼？「類比和嵌入式處理產品」；
二、目標客戶是誰？「各行各業的電子產品廠商」；
三、主要增值活動是什麼？「生產晶片」；
四、企業存在的主要貢獻是什麼？「使世界更加聰明、安全、環保、健康，並為我們的生活增添更多樂趣。」

譚普頓的挑戰

德州儀器新的企業使命，指出了德州儀器的變革方向，不僅僅是技術、產品方面的改變，也在營收獲利結構上做了調整。這個新的企業使命和策略，雖然寫起來容易，但是執行起來就有許多困難。

首先，是要慢慢退出無線通訊和手機市場，把來自這個紅海市場的營收比重慢慢降低。隨著諾基亞、摩托羅拉、索尼愛立信手機的衰退，德州儀器只是順勢而為，所以這個任務似乎沒有那麼困難。

接著則是要擴大類比晶片的產品線，以建立德州儀器在全球類比晶片市場的領導地位，而這方面就是一個相當大的挑戰了。二〇一一年九月，譚普頓做了一個賭注很大的決定：以六十五億美元、七八%的溢價併購了國家半導體（National Semiconductor）。這個併購案當時轟動業界，甚至有許多人並不看好，但是，這個決定卻為德州儀器帶來了豐富的類比晶片產品線。

成功變革的成果

正確的策略、強力的執行、員工的信心、客戶的支持，使得這個變革帶來了空前的成功。

德州儀器的二〇一七年營收達到一百五十億美元，其中一百億美元來自於類比產品，三十五億美元來自於嵌入式處理器。如今，德州儀器已成為全球最大的類比晶片供應商，市場占有率高達二七%。當年的財報也顯示，該公司毛利率高達六四%，營業利益率高達四一%，自由現金流量（free cash flow）*則達到四十七億美元。

以先前文章提到的市值營收比來看，德州儀器二〇一七年底的市值達到一千一百億美元，全年營收為一百五十億美元，市值營收比達到七三〇%，比二〇〇〇年還要高。

結論

希望這幾篇記述德州儀器變革的文章，能為台灣半導體產業帶來一些啟發，畢竟在全球的半導體產業領域中，台灣也占有重要的一席之地。這時，我耳邊似乎又響起了譚普頓在二〇〇一年底所說的話：「我們將度過這個難關，而且更加強大。」

---

* 編注：自由現金流量意指公司可自由運用的現金流量，也就是將營運所得的現金流量減去維持營運所需資本支出與稅金之後的餘額。

Chapter 4
企業文化

38 兩個求職小故事，明瞭IBM與惠普的企業文化差異

企業的價值觀是洋蔥圈的核心，而面試方法則屬於第三層的「目標與管理」。雖然先前曾經以其他例子來解釋這第三層，但是遠不如本文中引用的兩個面試故事，來得更加生動，令人震撼。

網路世界真的令人著迷，我透過臉書聯繫到了小學、初中、高中同學，還有多年不見的好友。最近有位新加我的臉書朋友劉維鯤，他告訴我，遠在一九八一年就曾經和我見過面。這引起了我的好奇心，於是請他提醒我，是在什麼場合、什麼時間見的面。

後來他把最近幾年寫的文章之中，兩篇跟我有關的抽出來寄給我，這兩篇故事實在太精采了，於是我徵得他的同意，讓我分享在書中。這是他一九八一年在台北的ＩＢＭ和惠普公司面試時，發生的真實故事。

IBM的應徵經驗

現代人十分忙碌，人與人的互動也十分頻繁。人們之間的互信是很重要的，而人品則是潛意識下的表現，心裡面有什麼，表現出來的就是什麼。萬事，都是由心發出的。

有一種人格測試的方法，就是在你不防備的時候，看你因應緊急狀況的表現。

一九八一年，也是我在3M公司工作的第四年。我去參觀台北的第一屆資訊週電腦展覽會，看到了個人電腦的應用，於是愛上了電腦，馬上買了日本富士通的第一台桌上個人電腦「Fujitsu Micro 8」。

因為沒有應用軟體，所以我在公餘閒暇的時候，按照當時市面上Apple II的軟體規格，用BASIC程式語言來寫富士通電腦的軟體。後來完成了很多程式，也迷上了玩電腦。至今，我還保存著這台富士通電腦。後來，我決定轉職到自己喜愛的電腦行業去。

當時IBM是最大的電腦公司，而我也想進入IBM工作。經過IBM一家客戶的電腦部主管推薦，讓我有機會投遞履歷表過去。他們見到我的履歷表上寫的是3M的現職企劃人員，就馬上通知我去考試，並且做性向測驗。

當時，一共有三十個人擠在一個小房間裡考試。考題共有一百題，但在我才寫了三十題的時候，卻有一個人進來喊說：「還有三分鐘！」我嚇了一跳，寫了三十題，還有七十題，這不幾乎等於交白卷？心想：「完了，進不了ＩＢＭ了。」頓時，有個意念進入我腦中：去偷抄隔壁考生的答案。

當時沒有做任何思考，情急之下就抄了三題（沒有思考如何可能抄到七十題，也沒有想到其他事，只想到解決當前的困境）。此時，隔壁的考生馬上轉過身來對我說：「對不起，劉先生，你沒有錄取，因為你不誠實。」其他二十八個考生也同時站起來，一個個地走出了門。我一個人坐著發呆：原來，ＩＢＭ派出了二十九個員工來陪我考試。

哦！原來今天考的是「誠實」。

從此，Frank（編注：劉維鯤的英文名字）就是我終身不改的名字；「誠信」也成為我為人處也永遠的信條。

與你交往的人，人人都忙，人人都怕受傷。沒有人有時間查核你說的每一句話、每一件事是不是真的。

每個人都怕被誤導、被欺騙，也都希望與誠信的人交往。所以不知道的事、不懂的事不說，不實的話不說，更不可存心欺騙。話說了就要做到，後悔了也要堅持到底，言出必行，這樣你就會有許多朋友，許多信任你的人，與你合作的機會，敢寄予你重任的老闆，甚至能拉拔你成功的貴人。

雖然我因為不知所措，而失去了加入ＩＢＭ的機會，但ＩＢＭ考試給我的教育，卻使我一生受用不盡。行事誠實為本，信實為忠，情緣永在，機會不斷，因為，人人信你、敬你、謝你，欠你這份對他誠信的情。

劉維鯤寫於二〇一六年六月二十三日

●惠普的應徵經驗

一九八一年我去IBM應徵，想加入這電腦界的巨人。在沒有被錄取以後，我為了堅持進入電腦界的夢想，再去應徵惠普的電腦行銷業務員。

應徵的第一關，是惠普的人事經理，見到面、看了我的履歷表之後，很快就通過了。我問他，怎麼沒有（像上次IBM那樣的）考試？他說：「不必，我曾經是3M的人事經理，你在3M做了四年的行銷，我可以接受你。那麼，你現在去見產品經理。」

產品經理過關了，下一位面試我的則是程天縱先生。後來他去了德州儀器，又成了德州儀器亞洲區總裁，現在是郭台銘的主要幹部。他也通過了。

最後是總經理吳傳誠先生（他後來成為美國宏碁的總裁），他這一關也通過了。他找了程天縱經理來，要我去讀一套HP3000電腦的書，讀完之後，來公司用投影片簡報做HP3000的產品說明。

我玩過當時流行的Apple II及富士通微電腦，但對這占了個機房的大型電腦（mini mainframe computer）一無所知。當時是週五，面對這三大本英文手冊，我覺得坐困愁城。看來，這回轉入電腦業又沒有希望了。

我靜靜地向上帝禱告之後，馬上開始讀這三本厚厚的英文書，進行這破冰之旅。我花了整整兩天時間，終於完成了產品說明會的簡報投影片（幸好在3M幹了四年，用投影片來演講是駕輕就熟的）。

週一上午，打電話告訴程天縱經理我準備好了，於是他約我週二去上台演講。進入惠普的大會議室，投影機已經準備好了。台下像IBM考試時一樣，也有大約三十個人。不同的是，他們是來聽我如何在短時間內做好這個產品的演講，而不是來考我在時間不夠時會不會偷抄答案。前者是考負面的危機處理，今天是考正面的，考我有沒有專業，有沒有研發和表達能力。

上台以後，台下鴉雀無聲。我用了3M「FAB分析」的產品說明技巧，以及3M投影簡報的應用技術，向很懂HP3000電腦的這三十個人說明得清清楚楚。十分鐘後說明完畢，全場掌聲幾分鐘不停，十分感人。在3M工作四年的行銷專業，與這兩天的努力，都得到了正面的肯定。

吳總經理來向我表達正面的認可，程經理也過來握手說：「恭喜你，錄取了，明天等我的通知。」第二天，有一位惠普的祕書來電，要我再去一趟，惠普董事長柯文昌要跟我面試，因為他們希望我直接擔任新產品的市場經理。

吳傳誠總經理告訴我，惠普即將推出個人用電腦，而且要我去做這款新產品的經理，但要等總公司推出這款產品之後，才讓我上任。結果吳總每個月都來電要我「再等一下」，接連八個月他都打給我，要我繼續等。

六個月之後，我得到致福公司當時的總經理吳地泉先生邀約，去推廣愛普生（Epson）的手持式個人電腦。後來，我在台北成立了「五加二資訊有限公司」。惠普的吳傳誠總經理來看我，說他知道我不等他了，但他也告訴我，以後只要是我找他，他一定都會接見。多年之後，我去找過他幾次，他即使已經到了宏碁美國公司，都還是願意見我。

我當時沒有「堅持」等下去，因此又失去一次在大電腦公司成長的機會。

後來，惠普在內部提升了一位優秀的人才來接任那個工作。很久以後，我也不經意地認識了這位人才，他就是惠普的第一任個人電腦部經理王冕先生。之後，他一直都是我很好的朋友。

堅持是必須等待的，但也可能得付出放棄其他機會的代價。

劉維鯤寫於二〇一六年七月十日

這兩篇精采的小故事，引起了我對ＩＢＭ和惠普這兩家公司企業文化異同的省思。

一九八一年時的ＩＢＭ，是全球電腦業的龍頭老大。究竟有多大呢？如果把同一產業的企業，依照營收大小，以柏拉圖的格式依次排列下來，通常就會像下樓梯一樣，一格一格往下走。當時的電腦產業，ＩＢＭ肯定是第一個階梯，如果往下踏一步的話，可能就會跌死了。因為ＩＢＭ的營業額，比第二名到第十名加起來都還要大。

一九八一年在台灣的情況也是如此。有人形容說，要進ＩＢＭ工作比登天還難。而當時的惠普，營業額一半以上還是要靠各種儀器設備，電腦所占的比例非常小。總之，當時兩家公司在電腦產業的規模和聲望，遠遠不能相比。

我在第二本書中的〈坦誠、尊重、妥協——聯想併購ＩＢＭ個人電腦部門的成功案例〉一文，稍微提到了ＩＢＭ和惠普文化的差異，兩家企業也分別代表了美國東岸和西岸的文化。有興趣的朋友可以看看這篇文章，再來思考這兩家公司面試方式的不同，是否與文化差異有關？

39 金魚の糞

有一回惠普的日本合資公司高層來視察。只見一群主管跟前跟後，深怕高層不悅。此時，陪伴我的年輕人露出了不以為然的表情。在我追問之下，他在紙上寫下了這四個字：「金魚の糞」。

一九八〇年代初期，我在台灣惠普擔任業務發展（business development）經理，這個職務是總經理柯文昌特別為我設立的，因為當時我正在為台塑集團旗下的南亞公司做技術移轉，在桃園南坎蓋第一座PCB工廠，所以沒有辦法再同時擔任業務經理。

我就任這個職位以後，彷彿如魚得水，因為我的老闆也沒有為我清楚定義，到底「業務發展」是「發展什麼業務」，所以就完全由我自己來想像和決定。

一九七九年，二十九歲的柯文昌擔任台灣惠普第一位本土總經理，開啟了惠普在台灣的黃金歲月。他在一九八九年離開惠普，創立了「普訊創投」，所以業界人稱柯文昌為台灣「創投教父」。

尋找導師

當時柯文昌為了惠普的長遠發展，成立了一個名譽董事會，尋求業界專家為惠普提供指導與建議。這些專家的職稱是「名譽董事」，這雖然只是一個榮譽職，但實際上扮演的卻是台灣惠普真正的導師。

柯文昌對於「名譽董事」的人選非常慎重，希望能邀請到台灣產官學界的重量級人士加入，來指導台灣惠普這個年輕的經營管理團隊。透過柯文昌的強大人脈和個人魅力，這個名譽董事會不久之後就成立起來了。

在我的記憶中，這些名譽董事包括了王永慶、汪彝定*、孫震等產官學知名人士。由於這些人士在台灣的知名度非常高，因此我們對這個董事會的設立非常低調，完全不對外宣傳。所以，有許多當年一起工作的同事，至今仍然不知道有這麼一個董事會存在。

對於我們這個年輕的團隊，業界前輩們給予了許多指導，對惠普在台灣的發展發揮了很大的作用。事隔多年，當年的名譽董事有幾個人已經不在了，所以現在回憶起這段往事，令人倍感時間的無情。

由於我也參與協助設立這個名譽董事會，所以順理成章地，我也就負責了政府關係和媒體公關的工作。

IBM與惠普在台灣的競合

由於當時的台灣惠普只是一個銷售機構，並沒有研發和生產製造的功能，所以對台灣電子業的貢獻不多，影響力也相對較小。

在柯文昌的規劃之下，惠普在台灣成立了中文個人電腦的研發單位，並效法其他電腦公司，在台灣成立了國際採購處（IPO）。依照柯文昌的指示，由我負責成立惠普的亞洲國際採購處，於是我準備了說服總部的說帖，將國際採購處設立在台灣，為亞洲惠普在全球工廠採購重要零組件，也為台灣電子產業的發展盡一份力量。於是我又多了一個頭銜：惠普亞洲國際採購處總經理。

回憶至此，我要特別感謝當年在IBM擔任國際採購處總經理的熊先生（Frank）。在台灣電腦界，IBM和惠普一直是激烈的競爭對手，爭奪市場互不相讓，而雙方也都嚴守商業道德的份際，於公於私都互不來往。

＊編注：汪彝定，是第一個非學採礦的台灣礦務科長，在貿易起飛時代執掌權威鼎盛的國貿局，是台灣經貿談判第一人。曾任經濟部政務次長、台糖董事長。以上資料取自《走過關鍵年代——汪彝定回憶錄》（商周出版）書籍介紹。

IBM很早就在台灣設立國際採購處，在當時已經有相當大的規模了，而毫無經驗的我，則懷著忐忑的心情，去拜訪了素未謀面的熊總經理。沒想到熊先生給我的答覆是：「**兩家公司之間的競爭是銷售的事，但是在對台灣的採購這件事情上，我們應該要合作，一同協助台灣的電子業發展。**」於是在熊先生的指導下，惠普國際採購處順利地成立了。

赴日學習，引進全面品質管理

在某一次柯文昌主持的例行會議中，提到了惠普與日本橫河電機（Yokogawa）的合資公司（下稱YHP）得到了日本最高品質榮譽的「戴明獎」，而且還是第一個非日本企業獲獎的首例，因此我們要主動派員去學習YHP的全面品質管理（total quality management, TQM）模式，然後引進台灣惠普全面推動。

當時與會的同事們對於全面品質管理都不了解，於是大家面面相覷，不知如何回答。這時柯文昌就說：「我們要找一個有能力，而且可以輕易擠出三分之一時間來的經理，代表台灣惠普去日本學習。」於是，所有的人都把眼光投向我，並且極力推薦，這時候，我知道我再怎麼推都沒有用，只好當仁不讓了。

我在第一本書的〈從「大歷史觀」看企業管理的思維與藥方〉文章中，也提到過這一段：

「一九八三年，我很幸運地被指定擔任惠普台灣的業務發展經理兼『全面品質管理經理』，公司派我到日本ＹＨＰ一個月，去學習、引進全面品質管理的管理模式。」有興趣了解各種不同管理思維的讀者們，歡迎參閱這篇極受歡迎的文章。

金魚の糞

在日本學習的期間，我充分體驗到日本人的待客之道。由於我不會日文，所以上下班時間都有年輕的工程師陪我，把當時才三十出頭的我照顧得無微不至。

同時我也了解到，日本年輕一代也有憤世嫉俗的一面。有一天在外面吃晚餐，陪伴我的年輕人和隔壁桌吵了起來，令我不知所措。事後才知道，由於我看起來很像日本人，卻用英文交談，所以引起了隔桌年輕人的不滿，認為我們崇洋媚外。

又有一回，ＹＨＰ的高層來視察，只見一群主管跟前跟後的，深怕有任何意外引發高層不悅。此時，陪伴我的年輕人嘴裡念了兩句，露出不以為然的表情。在我追問之下，他表示用英文很難解釋，於是他在紙上寫下這四個字：「金魚の糞」。

當時我並不懂這四個字是什麼意思，但過了幾年之後，我偶然看到一個金魚缸，缸裡游來游去的金魚身後拖了一條長長的糞便，隨著金魚的前進不斷擺動。雖然金魚擺脫不了自己的糞便，但反正不影響它的活動，所以它似乎也不介意。在看到這個場景的時候，我就瞬間秒懂這四個字的意思了。

亞洲企業多「金魚の糞」

我在美國跨國企業服務近三十年，很少看到「金魚の糞」這種現象。但在亞洲的企業，尤其是大企業或集團，這種現象非常普遍。歐美跨國企業在亞洲的分支機構，尤其是合資公司，也會有「淮橘為枳」*的現象出現，不得不令人感嘆文化的影響力。

二〇〇七年七月，我在加入某台灣本土集團之後，走馬上任到深圳上班，雖然心中已有準備，然而一旦接觸到與歐美企業完全不同的文化，心裡的震撼仍然難以形容。

下屬寫給老闆的呈文，必定自稱是「職」，讓我聯想起中國古代皇帝統治天下時，屬下上奏必自稱「臣」。當時「溥天之下，莫非王土」，皇帝擁有一切，視老百姓為「奴才」。想不到在二十一世紀的今天，仍然有這種現象。雖然台灣已無皇帝，但是屬下自稱「職」和自稱「臣」，只不過是換了個字而已，「奴才」心態未曾改變。

亞洲教父

說到奴才，讓我想起了在十多年前非常暢銷的兩本書，作者是美國的喬・史塔威爾（Joe Studwell，中文名為「周博」）。他一九八〇年代開始在亞洲（主要是香港和北京）從事新聞工作，一九九〇年代時，替《經濟學人》（*The Economist*）的商情部門寫過大約十本與中國經濟發展有關的小冊子，並在一九九七年創辦《中國經濟季刊》（*China Economic Quarterly*）。史塔威爾雖然是個美國人，但也算是一個「中國通」。

他在二〇〇二年出版的《中國熱》（*The China Dream: The Quest for the Last Great Untapped Market on Earth*）一書，在中國市場訊息研究書刊多如牛毛的出版市場，能夠一年三刷，足見該書言之有物，大受市場歡迎。

但是更引起我興趣的，是史塔威爾在二〇〇七年出版的《亞洲教父》（*Asian Godfathers: Money and Power in Hong Kong and South East Asia*）。這個書名很容易令人以為內容只是揭發「香港教父」的種種非法作為。但其實不然，因為作者對新加坡、馬來西亞、泰國、印尼、菲律賓的

＊編注：「淮橘為枳」原是記載於《晏子春秋・內篇雜下》的一則故事，故事中並無「淮橘為枳」一詞，但現在已成為一則成語，意思是「淮南的橘樹一到淮北就變成了枳樹」，用以比喻「環境變了，事務的性質也改變了」。「南橘北枳」、「橘逾淮為枳」也是同樣的意思。

商業教父著墨更多。

在這本《亞洲教父》裡，我發現了三個特別有趣的重點：

一、這些亞洲教父特別會為自己賺錢，不是只為企業集團賺錢。

當時整個香港和東南亞的經濟，實際上只由四、五十個家族主導，這些家族的事業跨足銀行業、地產業、船運業、糖業、博弈業到伐木業，可說無所不包。在巔峰時期，整個東南亞的經濟總產值，還比不上任何一個全球五百大企業。但在全球最富有的二十五個家族中，卻有八個在東南亞，包括大家都耳熟能詳的李嘉誠、包玉剛、何鴻燊等人。

二、這些教父們有多努力工作？

他們每天投入工作的時間，絕對是凡人所不能及。從包玉剛到李嘉誠等大亨，都曾被形容天還沒亮就開始上班，而且對「假期」這個概念表示輕蔑。但他們的工作日和一般的企業主管也有所不同：在他們的工作時間之中，也充滿著各種社交活動。一位曾為主要印尼巨商家族擔任重要管理職，後來在新加坡巨商擔任財務長的人士就提到：**他們很努力工作嗎？他們努力經營的是自己的人脈關係！**

三、**他們旗下有非常多的經理人，但每位巨商的企業中，一定都有一位很明顯被稱為「奴才**

長」的人物。

這個人也是教父有問題時，會直接使喚的第一個人。這些亞洲巨商的「奴才長」幾乎都是亞洲人，他和巨商有相同的血統，會說相同的語言，而且完全可以和他的家人互動。其實，這些巨商的「奴才長」才是真正加班最多的人，長期的加班勞碌，確實對這些「奴才長」的健康造成了很大的損害。

每個巨商企業的核心，都有一群祕書、一個奴才長，和一群等待難以預測的老闆隨時下指令的緊張主管們。這些巨商身邊的人，都可以說是「金魚の糞」。有些身不由己，有些則是巴不得黏上去，但時間久了，都成了習慣的奴才。

開車門、提皮包、打雨傘

在我剛到台商企業集團上班的時候，每天早上司機接我從宿舍到辦公室，車子還沒到辦公室，就可以看到幾個高階管理人員在門口站著迎接。車子一停下來，這些人分工有序，馬上各就各位，有的開車門，有的搶著拿皮包，如果是下雨天，就有人負責打傘。在外商公司工作了三十年的我，對於這一點非常不習慣，在三令五申之下，才終於讓他們停止這些每天早晚的接送動作。

我退休以後，在偶然的機會中碰到過去的這些屬下，不免就好奇地問他們，當時為什麼要這麼做？他們回答說，其實他們也不想這麼做，但是集團中的每一個單位、每一個下屬都這麼做，他們不做行嗎？這就是企業文化的力量，「金魚の糞」已經成為亞洲企業文化的一部分。

在許多台灣企業集團中，老闆要進電梯的時候，屬下一定在電梯兩旁排成隊，讓大老闆先進去，屬下才魚貫進入電梯。在參加大型會議的時候，員工一定先全部就座，大老闆最後才進來，後面一定跟著幾個高階主管。會議結束時，一定是大老闆率先離席，後面跟著一大批高階主管，然後才是所有員工離席。

「金魚の糞」已經無所不在，有的糞是身不由己，有的糞是巴不得跟上，有的糞還拉得特別長，隨著金魚的游動而搖擺。

戰國時期，惠子問莊子說：「子非魚，安知魚之樂？」我確實不是魚，所以怎知金魚喜不喜歡這條糞跟著自己？但是我知道，「金魚の糞」肯定不討金魚的厭，才能形成一種「文化」。所以，這種文化的形成，金魚難辭其咎。

政壇的現象

「金魚の糞」在專制、獨裁、一言堂的環境裡，是一種自然的現象，也是一種求生存的本能。但是，在號稱民主自由的台灣政壇中，也詭異地存在著，而且還形成了一種政治文化。

我有幸去總統府拜訪了幾位總統，前面說過企業集團的「金魚の糞」現象，在總統府裡一樣存在。不管是本土出身的、三級貧戶出身的、最清廉的、最謙卑的總統，對這種現象都是視而不見，不思任何改變，尊重也好，維安也好，感覺挺好。上行下效，於是電視新聞上充斥著「金魚」講話，背後站了一排又一排的「糞」。

導讀與結論

最近的中美貿易戰，有人把它無限上綱，成為民主與專制的制度之戰。再往深一層思考，其實是一場東西方文化和價值觀不同所引起的爭戰。「金魚の糞」是一句日本諺語，反映出在專制獨裁不平等體制下，為生存、沾光、攀附而出現的一種現象。我二〇一七年十月六日在「吐納商業評論」發表的〈東西方文化衝突的根源：平等與不平等〉*文章中，也詳細探討了這種衝突的根源，有興趣的朋友不妨參考。

在本文開頭的第一段，我描述了台灣惠普在美國企業文化之下，自己在業務發展經理的

---

* 編注：文章請見：https://tuna.to/on-equality-7c7059784449，或掃描下列條碼：。

職位上有著充分的自由度，也因此得以發揮自己所長，負責PCB技轉、政府關係和媒體關係、國際採購處、全面品質管理等創新的工作職掌。

接下來提到，我在惠普與日本橫河電機合資公司YHP的學習時，第一次接觸和了解「金魚の糞」的現象。為什麼惠普在日本的公司就會出現這種現象，而台灣惠普不會？因為日本惠普是一家合資公司，深深受到日本文化的影響，這也應了「淮橘為枳」的隱喻：「同樣的事物會因為環境不同而發生改變。」

文章後段，我以在台灣企業集團工作時的切身體驗，加上《亞洲教父》一書中的摘要，提醒讀者「金魚の糞」在台灣的企業和政壇已經無所不在，甚至已經形成了一種「文化」。

台灣的民主體制是條漫長的轉型之路，是我們最引以為傲的經驗，但台灣經過多次民選總統、政黨輪替，我們的制度仍然未臻完善。專制獨裁和封建思想，是「金魚の糞」現象滋養的溫床。如果這種現象在企業、政壇都成為習以為常的文化，我們是不是應該反思一下，台灣是否只是披著民主的外衣，但是骨子裡的封建思想仍然沒有改變？

40 企業的核心價值必須凌駕於權力之上

許多歐美跨國企業，會在規章制度上給主管很多的模糊空間，以便主管在制度和彈性之間尋找一個平衡點，但在商業道德和行為準則上則規定得巨細靡遺，絕對不容許出錯。

一九九二年，我舉家從美國加州搬到北京，擔任中國惠普第三任總裁。幾年後，我接到了由台灣外派、擔任德州儀器中國區總經理的郭江龍先生電話，希望我能和美國德州達拉斯總部來的德州儀器高層見面，分享中國惠普在大陸的策略和成功經驗。

巧的是，我在初出茅廬時，第一份工作是在小貿易公司當業務，而德州儀器當時在台北縣中和南勢角的工廠，正是我最大的客戶。當時在德州儀器負責測試部門的交大學長林行憲，和赴美受訓返台的學長詹文寅都特別支持我，採購了大量的測試設備。

因此，我對德州儀器有一份特殊的感情，於是當然就答應了郭江龍的邀請。之後有一就有二，結果變成了每年都會有一兩次機會，和德州儀器美國總部來的高層在大陸交流。

特殊的面試

一九九六年底，德州儀器美國總部又來了一個代表團，邀請我前往北京中國大飯店地下層的會議廳，分享中國惠普的策略與經驗。我當然還是照樣接受，並且準時赴會。

在交換名片的過程當中，我發覺這個代表團的成員非常不一樣，包括董事長、副董事長、執行長、營運長、財務長、各產品事業部、人資、法務、公關等資深副總裁都到齊了，儼然是把整個德州儀器的經營團隊，都帶到了北京這個會議廳裡。

面對一屋子二十多人，我從容地把中國惠普的策略與經驗和大家分享，並且坦誠直率地回答了各個領域的提問。整個會議歷時兩個多小時，直到德州儀器的訪客們都滿意地點了頭，我才離開。

我在一九九七年底加入德州儀器之後，我的前任盧克修博士才告訴我，那一天的會議目的，就是一場正式的面試，從董事長以下的經營團隊成員，每個人都在給我打分數。在我不知情的情況下，所有人都投了贊成票，於是我就成了德州儀器亞洲區總裁的不二人選。

煞費苦心地延攬

一九九七年初，我接到了獵頭公司打來的電話，對方表示德州儀器打算向外招聘亞洲區總裁，而現任的盧克修博士則轉任記憶體事業單位總裁。經過盧博士的推薦和德州儀器高層的同意，他們直接指名只要我一個人。由於惠普是德州儀器的客戶，所以基於商業道德規範，德州儀器不能夠直接找我，必須要透過獵頭公司聯繫。

除此之外，德州儀器還透過關係得知，我的妹夫肯尼（Kenny）在台北的資訊服務公司，也是德州儀器中和南勢角工廠的供應商。而肯尼的姊夫查理（Charlie，也算是我的遠親）在達拉斯創業多年，活躍於僑界，還擔任台灣的僑務委員，他的公司也是ＩＴ服務業，德州儀器正是他們的大客戶。於是透過私底下的關係，查理和肯尼兩位都成為德州儀器的說客，而且紛紛跟我聯繫，希望我能夠加入德州儀器。

更令我佩服的是，在我第一次應邀前往德州達拉斯德州儀器總部，和董事長、執行長、營運長等高層見面，同時也參觀總部和工廠時，他們特別透過查理安排了連任多屆德州眾議員的強森（Eddie Bernice Johnson）和我見面，除了介紹德州與達拉斯的情況之外，當然也鼓勵我加入德州儀器。

在產業發展前景看好，友情、親情等多方面考慮之後，我決定接受德州儀器提供的待遇條件，離開我服務了將近二十年的惠普公司，於一九九七年十一月一日加入德州儀器擔任亞洲區總裁。在達拉斯總部工作半年之後，我們全家終於搬回台北定居，結束了十年派駐海外的專業經理人流浪生活。

由於中國大陸市場是德州儀器在亞洲的主要目標，因此總部同意我有兩個辦公室，一個在上海，一個在台北。雖然我大部分的時間還是花在中國大陸和東南亞國家，但「家庭」總算搬回了台北。

嚴格執行的行為準則

德州儀器非常重視價值觀和道德操守，因此訂定了非常詳細的行為準則。根據這個行為準則，德州儀器的高層主管每年必須填寫一份申報單，誠實申報三等以內的親屬是否和公司有生意往來。

因此，我主動申報了我的妹夫公司和中和南勢角工廠有生意往來。由於我認為，這個生意關係是在我加入德州儀器之前就已經存在的，而且我的職級和工廠採購有很大的距離，並沒有直接管轄的關係，所以應該是沒事的。沒想到，這份申報單交出去以後，達拉斯總部一個星期內就下了指令給工廠的採購部門，要求立刻斷絕與我妹夫公司的所有生意往來。

對於這樣的結果，我和妹夫都始料未及。尤其是我的妹夫，花了很大的力量為德州儀器做說客，說服我加入德州儀器，卻沒想到會因為這樣，反而斷送了他公司的一個大客戶。

我可以理解這樣的決定，主要的原因就是「利益衝突」。因為這個工廠是我亞洲區管轄的一部分，公司不能夠允許我的三等親之內和我的管轄部門直接做生意，因為一旦發生利益衝突，我的立場就會很為難。

曇花一現的執行長

相對於德州儀器最近發生的一件大事，我妹夫的例子就微不足道了。如果看過本書前面第三十五、三十六、三十七這三篇關於德州儀器變革的文章，就會了解德州儀器對於執行長接班人的計畫與培養是多麼的重視。

就如同延吉布斯很早就培養譚普頓為接班人一樣，接任的譚普頓也有計畫地培養布萊恩・克拉徹（Brian Crutcher）作為接班人。

克拉徹於一九九六年加入德州儀器，因為他優異的表現和領導能力，在二〇一〇年晉升為資深副總裁，二〇一七年晉升為執行副總裁兼營運長，並成為董事會成員。譚普頓於今（二〇一八）年一月十七日正式宣布，他將辭去執行長的職務，於六月一日由克拉徹接任。當時譚普頓在準備好的新聞稿中，給了他的接班人這樣的評價：

布萊恩・克拉徹是一位出色的領導者，不僅能激勵其他同仁，本身也有傑出的作為。他在商業策略、製造，以及銷售方面的專注能力，讓我們得以為顧客提供更高的價值，也為股東帶來了更多的利益。無論在營運或人事方面，德州儀器都深深受惠於他的經驗與智慧。

之後，克拉徹也依計畫於六月一日正式走馬上任，成為德州儀器的總裁和執行長，而譚普頓則只擔任董事長的職務。沒想到在接任不到兩個月之後，德州儀器在七月十七日對外發表了這則新聞：

布萊恩・克拉徹辭去執行長一職，由李察・譚普頓重新接任總裁與執行長，並同時擔任董事長職務

美國達拉斯二〇一八年七月十七日電——《美國企業新聞通訊社》（PR Newswire）

德州儀器公司今日宣布布萊恩・克拉徹辭去該公司總裁、執行長以及董事職務。該公司董事會已任命董事長李察・譚普頓在無特定任期並繼續兼任董事長的前提下，重新擔任總裁暨執行長。該公司董事會對譚普頓的任命並非暫時性質，目前也並未尋求替代人選。

克拉徹辭職的主因，在於違反該公司的行為準則。至於違反準則的情形，則與個人行為偏離公司要求的道德與核心價值有關，但與公司經營策略、營運，以及財務狀況無關。

德州儀器首席董事馬克．布林（Mark Blinn）指出：「數十年來，德州儀器的核心價值觀與行為準則，一直都是員工遵循的行事規範，而且本公司對於違反準則的行為概不寬容。過去十四年來，譚普頓帶領德州儀器達到現有的成就，所以我們也確信，他的價值觀和能力都足以帶領這家公司繼續前進。」

德州儀器董事長、總裁暨執行長譚普頓則表示：「我為這家公司感到非常驕傲，也心懷讓未來的德州儀器實力更強、體質更好的熱情。我會持續竭盡心力，以最高的道德標準和專業態度灌注在每一份工作中，並且帶領德州儀器大步前行。」

一個經過多年培養，表現優異、績效能力都很強的執行長，就只是因為違反了企業的核心價值觀和行為準則，在被董事會調查證實之後，就自動請辭下台了。事實上，這種例子並不少見，德州儀器的克拉徹是繼英特爾（Intel）與藍博士（Rambus）之後，不到一個月以來，第三位因為「違反公司核心價值觀和行為準則」而去職的半導體晶片公司執行長。

結論

一家企業，甚至於一個國家之所以偉大，並不只是因為企業在營收獲利上，或國家在經濟、武力上有多強大，而是因為他們能以堅定不移、絕不妥協的態度，來捍衛自身的核心價值觀和行為準則。

許多歐美跨國企業，會在規章制度上給主管很多的模糊空間，以便主管在制度和彈性之間尋找一個平衡點，但在商業道德和行為準則上則規定得巨細靡遺，絕對不容許出錯。

讀者們如果有興趣的話，可以到德州儀器的全球官網上面看看，在核心價值觀、商業道德、行為準則上面，耗費了許多篇幅詳細敘述其重要性。同時他們也在官網上準備了許多問答集，以便在各種不同的場景之下，作為員工行為的指導原則。

半導體產業是台灣經濟的重要基石之一，而台灣的半導體產業如果要偉大，不僅必須在技術、產值、營收獲利有傑出的表現，也必須像美國的半導體晶片企業一樣，建立令人引以為傲的核心價值觀，同時嚴守商業道德和行為準則。更重要的是，願意不惜犧牲一切去捍衛這個理念。

台灣要想在世界發光，不能夠只靠民主制度，也不能夠只靠少數的「台灣之光」。台灣要建立起自己的核心價值觀和道德觀，而且無論是政府、政黨或政治人物的行為，都應該嚴格遵守與這些核心價值觀一致的道德操守和行為準則，而且也願意犧牲一切代價，甚至用生命去捍衛它，那麼台灣才能成就其偉大。

最後，請讀者參考德州儀器董事長、總裁暨執行長給全體員工的一封公開信*，作為這篇文章的結論。

*編注：譚普頓的公開信，請見：https://tuna.pizza/2Ktha48，或掃描下列條碼：。

後記

相信專業，才有助於個人與企業發展

我這本書的每一篇文章，不只是寫給企業經營者，也是寫給上班族看的。上班族看了可以學習，然後成長為專業經理人；老闆看了，也可以更了解上班族和專業經理人的心態。

大家都知道，創業是「九死一生」的事情。創業成功的人，大部分都曾經是上班族或專業經理人，但為什麼需要看我的文章，才會更了解上班族和專業經理人的心態呢？

因為，「屁股指揮腦袋」這句話是不變的真理。大部分的人，當坐在不同的位置上時，就會有不同的想法和做法。而對於自己創業當老闆的人而言，我的文章或許也可以發揮一些提醒的作用。因此，在這本書結束之際，我把四十年職涯中所觀察到「專業經理人」和「創業老闆」的差異做個總結，來和讀者分享。

專業經理人

成功專業經理人的工作動機，通常來自於對工作成就的追求。他們藉著企業的大舞台，來滿足「做大事」的成就感，如果能因而達到「賺大錢」的結果，當然就更好了。

為了登上企業金字塔的頂端，擁有更大的舞台來做更大的事，他們必須學習管理理論與領導方法。因此，他們相信「專業」，懂得規劃與計畫，行事風格屬於「謀定而後動」的類型。

在工作方面，他們服從組織的指揮體系（chain of command），經常扮演救火隊，收拾殘局，不爭功、不諉過。在性格上，他們抬轎子，守本分，懂得自律、自我約束，避免在衝動之下做決定。同時，為了避免功高震主，必須經常扮演幕後推手的角色，一切功勞都歸於老闆。

在領導統御方面，專業經理人身為老闆與團隊之間的橋梁，非常重視對上與對下的溝通，為了避免內部衝突，保持團隊和諧，決策方式通常採取多數決或共識決。也因為如此，專業經理人最大的弱點就是容易妥協，對於自己的想法不能堅持到底，因而給人「奴性重」的印象，碰到企業中的玻璃天花板，往往束手無策，無力反抗，最後只有選擇離開，另謀生路。

創業老闆

大部分成功的創業家，創業和努力的動機則來自對利益的追求，如果在「賺大錢」的同時，還能夠得到「做大事」的結果，就真的是名利雙收了。

他們創建了自己的企業金字塔，而且就是自己金字塔的頂端。然而，當他們從頂端往下望的時候，不可避免，注定是孤獨的。由零到一，從無到有，開疆闢土建立霸業；他們不講理論，不重視專業，他們憑的是自己的直覺與過去成功的經驗。

他們會不停地「自我學習」，會聽專家學者意見，但是只服膺於比自己更成功的企業家。他們會積極參與社交圈子，以便建立人脈，發現商機。但碰到困難時，他們不會與屬下商量，也不會聽從屬下的意見。在無助的情況下，他們甚至會選擇相信風水，相信鬼神，但最終相信的還是自己。

大部分成功的創業老闆都追求自我實現，以自我為中心，所有的員工都要圍著他打轉。因此，在企業內部，老闆大部分都沒有時間管理的觀念，經常不守時，開會沒有議題，沒有議程。

由於接觸外界的訊息量大又雜，因此主意經常改變，標準的「計畫跟不上變化，變化不如一通電話」。他們也比較不重視規劃與計畫，大多屬於雷厲風行的行動派，加上身處金字塔頂端，朝令夕改又沒有耐心溝通，屬下往往被操得七葷八素，「忙、盲、茫」之餘，往往不知道為誰而戰，為何而戰。

在領導統御方面，他們極端堅持已見，絕不妥協，打死不退。決策時通常採取「獨裁為公」或少數決的方式。也因為如此，往往專業經理人認為不可行、做不到的事情，創業老闆就做到了。

優點和缺點往往是一體的兩面，如果強要把創業老闆的缺點改掉的話，他們的優點可能也就不見了。

我對創業成功的定義，就是「能夠存活下來」就算成功了。至於能夠存活多久，就看他們隨著科技潮流、產業趨勢變化的能力有多強大了。不重視專業，不重用專業經理人，或許不會影響到企業的生死存亡，但必定會限制企業的發展。

就如同專業經理人會碰到自己的玻璃天花板一樣，企業也會受限於創業老闆的格局，碰到「企業規模的天花板」，而有些就永遠落在中、小、微型企業的規模裡了。縱使有些企業能夠發展成跨國大企業，卻仍然不重用專業經理人，或是堅持成為「傳子不傳賢」的家族企業，終究會影響到未來企業轉型升級的能力。

工作與生活的平衡

最後，我要指出大部分成功創業老闆的一個盲點：他們總希望屬下員工和專業經理人都能抱持「小老闆」的心態，都能夠如同自己一般，為企業的發展而拚搏。但是他們不了解，專業經理人和創業老闆最大的差異，就在於價值觀的不同。成功的專業經理人認為「工作與生活要平衡」（work and life balance），而創業老闆則認為「工作就是生活」（work is life）。

我在惠普及德州儀器服務的三十年中，一直與歐美的專業經理人頻繁接觸與共事，我深深感受到，他們對工作與生活的態度，和華人企業的員工有很大的不同。舉個比較極端的例子：在海峽兩岸客戶發生問題時，他們會立刻回應，即時趕到客戶端去解決技術或產品問題，但碰到一些出乎意料、難以解決的問題，結果拖到感恩節、聖誕節等節慶的時候，他們就一定放下手邊的工作回家度假。華人企業的員工碰到這種情況時，一般都會加班加點、犧牲假期，但歐美企業的員工則認為「工作與生活平衡」比什麼都重要。

隨著時代的進步，經濟的發展，教育的普及，即使是華人社會的企業老闆，也要了解員工和老闆在心態上、價值觀上的不同。做老闆的人，要調整自己對員工和專業經理人的期望，勞資雙方才能夠和諧共存，合作共榮。

再偉大的企業，如果光憑老闆一個人，能做出什麼偉大的成就？偉大企業的背後，必須要有無數的快樂員工和專業經理人共同合作，才能成就偉大的事業。如果員工和專業經理人都能夠像老闆一樣拚命，把工作當作生活，那麼這些人留在企業內的時間也不會太久，早晚都會出去自己創業。

所以，企業老闆不應該對專業經理人存有不切實際的期望，希望他們個個都能像老闆自己一樣拚命。即使是創業的老闆，也必須要調整心態，工作和生活必須要平衡，因為休息是為了走更長遠的路。台灣的經濟要發展，產業要茁壯，企業要走出去，就必須培養大批的專業經理人，而創業家的心態也必須隨著改變。

希望這本書能為讀者們帶來一些新的觀念，和成為專業經理人所需要，而且真正能用於職場上充實自我的理論與實務方法。

BW0695

創客創業導師程天縱的專業力

個人發展與企業競爭的究竟根本

國家圖書館出版品預行編目（CIP）資料

創客創業導師程天縱的專業力：個人發展與企業競爭的究竟根本／程天縱著. -- 初版. -- 臺北市：商周出版：家庭傳媒城邦分公司發行, 2018.12
面； 公分
ISBN 978-986-477-564-4（平裝）
1. 企業領導 2. 企業管理
494.2 107018684

作　　者／程天縱
文字校對／詹宜蓁
編輯協力／傅瑞德
責任編輯／鄭凱達
版　　權／黃淑敏、翁靜如
行銷業務／莊英傑、周佑潔、王　瑜、黃崇華

總 編 輯／陳美靜
總 經 理／彭之琬
事業群總經理／黃淑貞
發 行 人／何飛鵬
法律顧問／台英國際商務法律事務所　羅明通律師
出　　版／商周出版
臺北市104民生東路二段141號9樓
電話：(02) 2500-7008　傳真：(02) 2500-7759
E-mail: bwp.service @ cite.com.tw
發　　行／英屬蓋曼群島商家庭傳媒股份有限公司　城邦分公司
臺北市104民生東路二段141號2樓
讀者服務專線：0800-020-299　24小時傳真服務：(02) 2517-0999
讀者服務信箱E-mail: cs@cite.com.tw
劃撥帳號：19833503　戶名：英屬蓋曼群島商家庭傳媒股份有限公司城邦分公司
訂購服務／書虫股份有限公司客服專線：(02) 2500-7718；2500-7719
服務時間：週一至週五上午09:30-12:00；下午13:30-17:00
24小時傳真專線：(02) 2500-1990；2500-1991
劃撥帳號：19863813　戶名：書虫股份有限公司
E-mail: service@readingclub.com.tw
香港發行所／城邦（香港）出版集團有限公司
香港灣仔駱克道193號東超商業中心1樓
E-mail: hkcite@biznetvigator.com
電話：(852) 25086231　傳真：(852) 25789337
馬新發行所／城邦（馬新）出版集團
Cite (M) Sdn. Bhd.
41, Jalan Radin Anum, Bandar Baru Sri Petaling, 57000 Kuala Lumpur, Malaysia.
電話：(603) 9057-8822　傳真：(603) 9057-6622　E-mail: cite@cite.com.my

封面設計／黃聖文
內頁設計／簡志成
印　　刷／鴻霖印刷傳媒股份有限公司
經 銷 商／聯合發行股份有限公司 電話：(02) 2917-8022　傳真：(02) 2911-0053
地址：新北市新店區寶橋路235巷6弄6號2樓

■2018年12月4日初版1刷
■2022年1月6日初版9.4刷

定價380元
ISBN 978-986-477-564-4